郵政博物館
POSTAL MUSEUM JAPAN
公式ガイドブック

小型記念日付印は、各地の公の行事、催事等を記念する絵入りの日付印。直径32ミリ、印色はトビ色。小型記念日付印の使用時には、来場記念に切手を貼って押印してもらいましょう。

ミュージアムゆうびんきょくの小型記念日付印より

（上から）郵政博物館開館記念・蕗谷虹児展・ラジオ体操展・ペンギン×郵政博物館・HAPPY HALLOWEEN IN POSTAL MUSEUM・クリスマス企画「はくぶつかん DE めりくり」・Joyeuse Saint ♡ Valentin

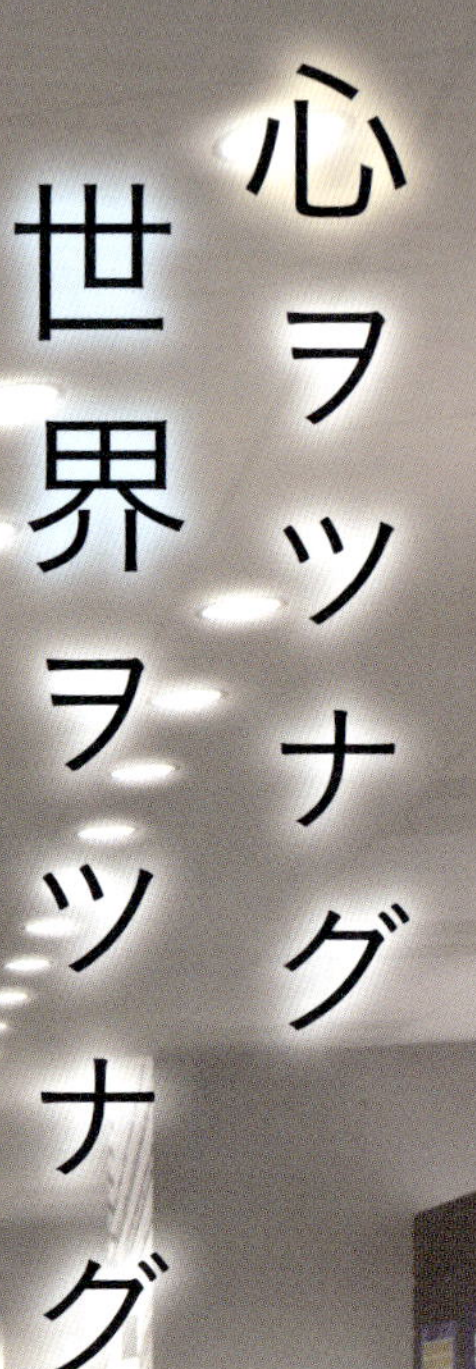

郵便。
誰かに宛てて、手紙をかくとき。
誰かのために、手紙を出すとき。
誰かを思い、手紙をつくるとき。
それは、世界の扉をあけるはじまり。

切手、手紙、封筒。
それは、たった一枚からはじまるものがたり。

わたしからあなたへ。
郵便屋さんが、切手が、ポストが、わたしたちをつなぐ。
手から手へ。つながって輪になる。
あたたかい手触りと思いを、たった一枚の紙にのせて。

通信。
その歴史は深く、そして長い。
有史以前から、わたしたちは、
誰かに、なにかを伝えようとおもった。
それは、合図だった。絵だった。
光だった。音だった。
いろいろな媒体を駆使してきた。
それは、長い歴史のなかで世界各地に広がり、
今もつかわれるモノたち。

そんな「伝える」キモチとカタチを、
私たちは集め、広げ、発信したい。

一〇〇〇年、一〇〇年、一〇年前のものを守り、
一〇年、一〇〇年、一〇〇〇年先に届くまで。

目次

第一章 常設展示ゾーン

日本の郵便の顔 ポストの変遷 8
インダストリアルデザインとしての通信 11

「始」ノ世界 12
はじめに時計ありき！ 13
前島密が目指した通信のヴィジョン"郵便・電信・電話" 14

「郵便」ノ世界 18
制帽ファッション 19
郵便配達・運送で身に付けるもの 20
郵便物をまとめて運送するには／郵便物一つ一つの重さを測る 23
各時代の最速の輸送機関が郵便を運んだ！ 24
赤い色をした人車・馬車・自動車 26
郵便物に消印する 29

泉麻人さんの郵政博物館探訪記 30

「手紙」ノ世界 34
手紙の物語 35
手紙を巡る道具たち 36
時代と手紙 39
季節と手紙 40

「切手」ノ世界 42
2552枚の切手のモナ・リザ 43
「切手」ノ世界 案内図 44
日本の切手 45
イギリスの切手 46
フランスの切手 47
食の切手 49
猫の切手 50
バレエの切手 51
変わり種切手 54
LOVE切手 55

メッセージシアター 58
宇宙（そら）の手紙 59
江戸旅物語 60
逓信建築 61

「郵便貯金」ノ世界 「簡易保険」ノ世界 63
リスは郵便貯金のマスコット 64
簡易保険はカンガルーのマスコット 65

第二章 企画展示ゾーン&ラウンジコーナー

「文化」ノ世界 68
エンボッシング・モールス電信機 69　ブレゲ指字電信機 70　エレキテル 70

企画展示 71
企画展示が発信する〝通信文化〟のメッセージ 72
蕗谷虹児展 73　次世代にツナグ、ツタエル、ラジオ体操展 74
文明開化の街道展 75　逓信～郵政建築展 76　小池邦夫絵手紙展 77

ラウンジコーナー　レッツエンジョイ ラジオ☆体操 78　絵はがきクリエーター 79
ミュージアムショップ 80　ミュージアムゆうびんきょく 81
講演会&ワークショップの記録 82

第三章 郵政博物館の歴史

通信の殿堂として貴重な資料を守り、次世代に引き継ぐ 84

第四章 郵政博物館の収蔵品

切手・はがきほか、郵政のために一流の画家たちが描いた貴重な原画 88
近世・近代の錦絵等に描かれた 郵便と時代に関する広汎な資料 90
東海道絵巻から郵便着物まで 郵便と交通に関する多様な資料 92

郵政博物館のホームページ紹介 95

❶ポストを復元する 10　❷日本の郵便事業を欧米の先進国に伝える 16
❸郵便旗と逓信旗 22　❹GO！GO！ポストマンに乗る！ 28　❺記念絵はがきの世界 38
❻スタンプポンドで遊ぼう！ 48　❼スタンプギャラリーが物語る 52　❽外国の郵便 56
❾収蔵品の修復 57　❿博物館のなかの映像博物館 62
⓫ゆうちょ・かんぽ・アドベンチャー 66　⓬収蔵資料の収集・保管 94

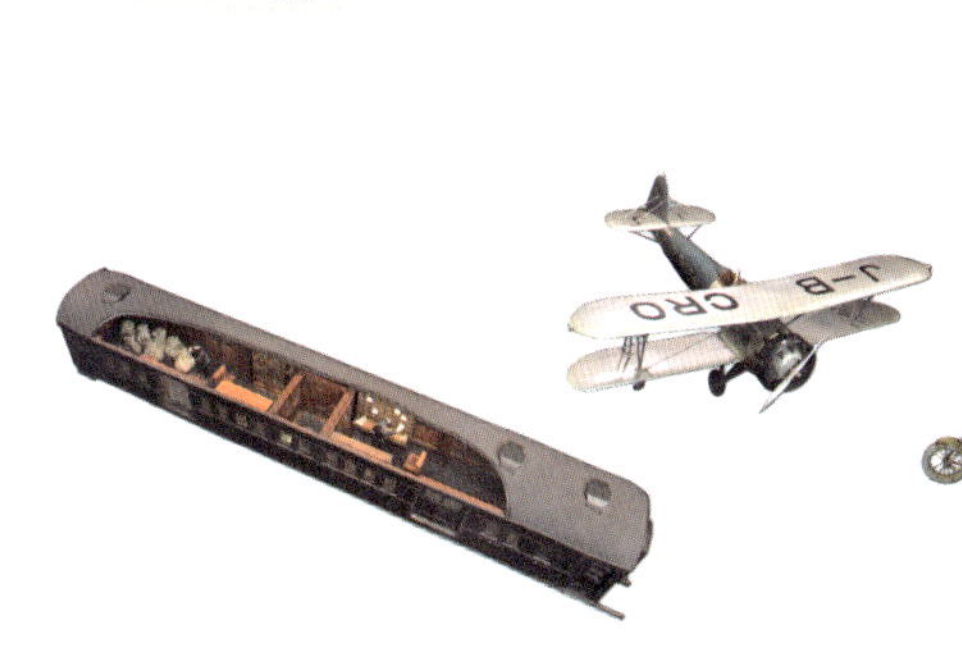

郵政博物館フロアマップ

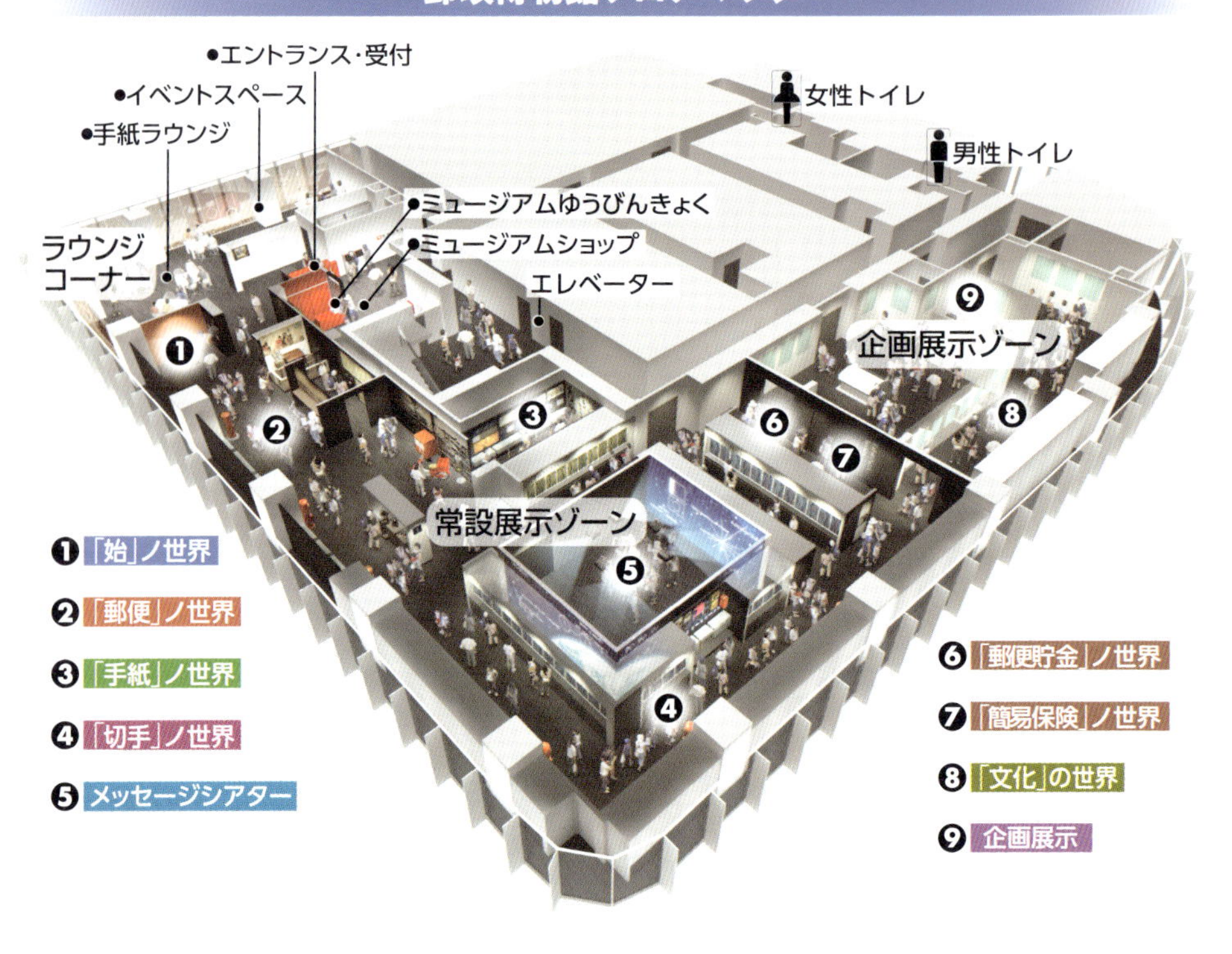

郵政博物館のアクセス

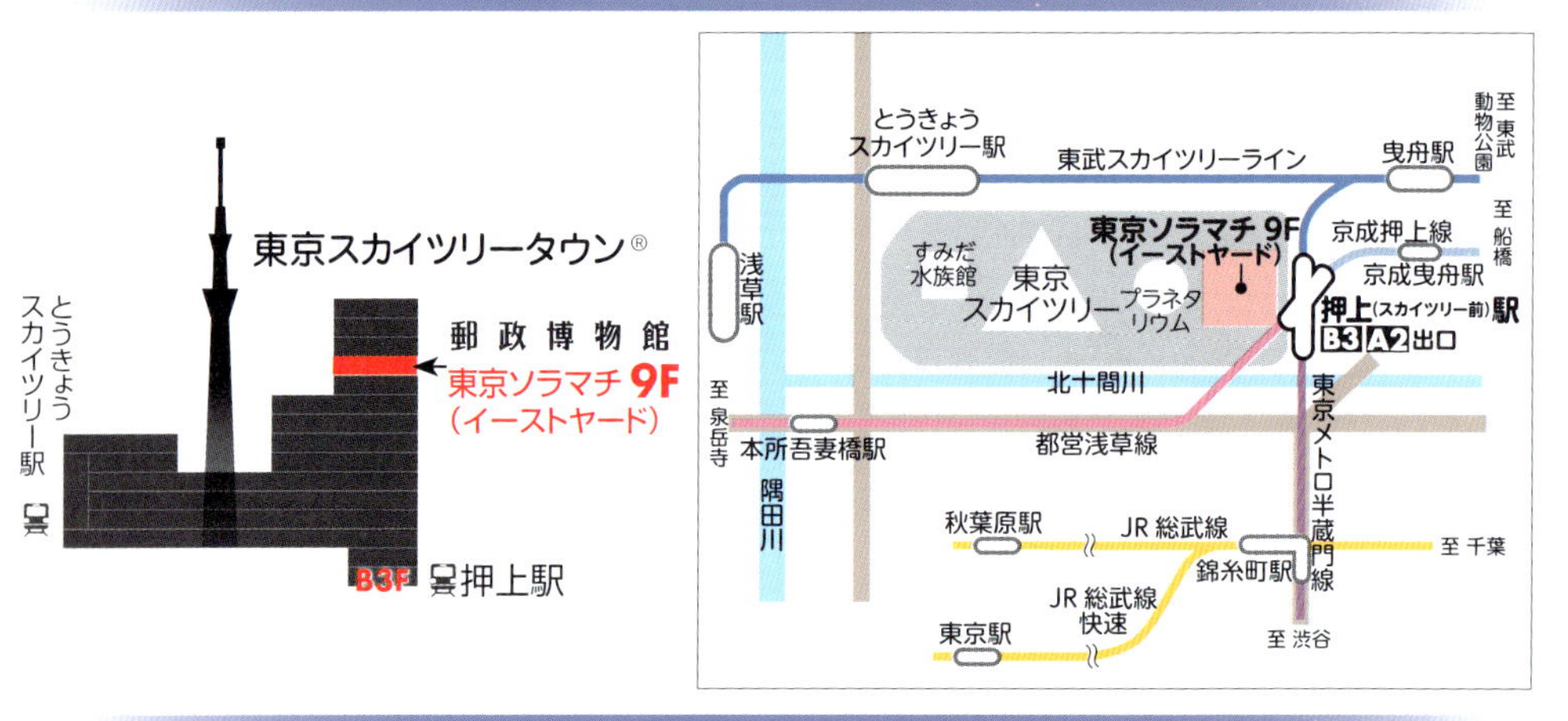

イーストヤード12番地のエレベーター・エスカレーターで8階まで。
8階～10階専用ライフ&カルチャー用エレベーターに乗り換え、9階で降り右折正面。

第一章
常設展示ゾーン

人車 明治10年代
郵便物を運ぶための車両。

ポストの変遷

明治45（1912）年～
丸形庇付ポスト

故障の多かった回転式を改良し、差入口に雨よけの庇と郵便物盗難防止の弁を付けたポスト。差入口の丸いデザインは回転式の意匠がそのまま引き継がれた。

明治41（1908）年～
回転式ポスト

回転式の差入口は中村式ポストの中村幸治が考案。正式に鉄製赤色に制定されたポストで、展示品は福井県の郵便局で実際に使用されたもの。現存唯一。

明治34（1901）年～
中村式ポスト（模造）

考案者・中村幸治の名から中村式と呼ばれる。俵谷式の2週間後に日本橋南詰に設置。郵便の差入口には雨蓋が付き、防火や郵便物消失防止が工夫されていた。

明治34（1901）年～
俵谷式ポスト（模造）

発明家・俵谷高七が考案。最初の赤色鉄製の円筒形ポスト。現存はせず、写真等に残っているのみのものなので、「まぼろしのポスト」と呼ばれている。

郵政博物館に来館されたみなさんを、最初にお出迎えする、ちょっとクラシックな赤いポスト（右端）。20世紀が始まった明治34（1901）年に設置されたもので、「俵谷式ポスト」と呼ばれています。

　街角を歩いていると、よく赤いポストに気づきますね。実はこのクラシックなポストが、赤いポストのはじまりなのです。

郵便初期の木製ポスト

　日本で郵便が始まると、木製のポストが設置された。最初の「書状集箱」は東京・京都・大阪と東海道の宿駅だけだったが、郵便の全国実施に合わせて、「黒塗柱箱」が全国各地に設置されていく。

右：郵便創業時、明治4(1871)年の書状集箱（復元）。
左：創業翌年、全国に設置された黒塗柱箱（模造）。

日本の郵便の顔

昭和24（1949）年～
郵便差出箱1号丸型ポスト

終戦後、新しい鉄製ポストとして登場。差入口のある上部と取出口のある下部が分かれ、状況に応じ、便利な方角に据える事ができた。最後の丸型ポスト。

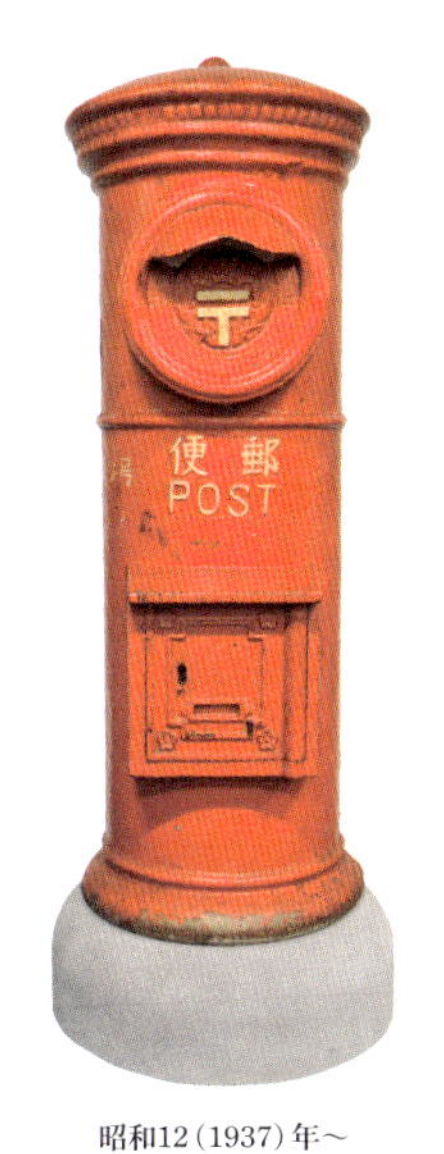

昭和12（1937）年～
代用ポスト

昭和12年に始まった日中戦争による物資不足のため、鉄製ポストの代用として、コンクリート製や陶器製が登場。展示はストニー製（＊）のポスト。

＊特殊な薬をセメントに加え固めたもの

昭和９（1934）年～
丸形庇付ポスト（差入口大）

差入口を下に押すと、口が倍の大きさに広がるように丸型庇付を改良したポスト。大型郵便（定期刊行物・新聞・書籍など）が投函できるようになった。

昭和４（1929）年～
航空郵便専用ポスト

昭和４年制定の航空郵便制度に伴い、東京・大阪・福岡・静岡に設置された細身のポスト。スカイブルーの色は、後に速達専用ポストに受け継がれていく。

ポストは投函するだけで、手紙が差し出せる街角の小さな郵便局。使いやすさや郵便物の安全性を工夫して、形が少しずつ変化していきました。「俵谷式」で赤く円筒形になったポストに、おなじみの丸い差入口がついたのは、明治41（1908）年の「回転式ポスト」から。差入口の蓋が回転する仕組みで、ぐるぐる回す必要があったため、少し出っ張った丸い顔になりました。

この顔に庇（ひさし）がついて、あの赤くて丸いポストが完成することになります。

回転式ポストの使い方

このポストに投函するには、まず丸いつまみをつまんで〒マークが逆さまになるように蓋を回転させる。すると、差入口が現れ、そこから手紙を入れることができる。投函してから手を離すと、もとの位置に戻って差入口が閉じられる。

回転式ポストと少女。当時のうちわ絵より。

差入口を開いたところ。

普段の状態。

ポストを復元する

郵政博物館物語 1

日本初の赤い金属製の円筒形をしたポストが、この俵谷式ポストです。山口県の発明家・俵谷高七が考案、製作したことからこの名で呼ばれています。

植物文様に縁取られたモダンな雰囲気をまとう俵谷式ポストは、明治34（1901）年、東京、京都、大阪で試験的に設置されました。ただ、実物のほか図面も現存せず、白黒写真や錦絵が数点あるのみ。そんな中、新しい展示場には、ぜひとも日本の赤いポスト第1号を現代に蘇らせたい！という思いで、多くの方の協力を得ながら復元を行いました。

どこかで眠っているかもしれない実物の俵谷式にめぐり逢えたら…。復元をとおして、そんな日を夢見ています。

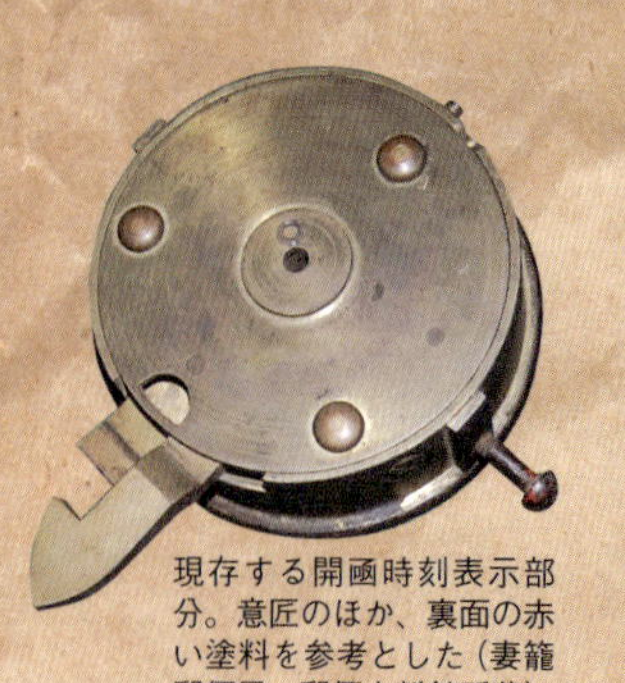

現存する開函時刻表示部分。意匠のほか、裏面の赤い塗料を参考とした（妻籠郵便局・郵便史料館所蔵）。

天頂部分は、写真の陰影の様子から花弁をイメージし、くぼみを調整。

大きさは、現在の京都大学外壁前に立っていた同ポストの写真と、現存する外壁の高さから算出。

当館が所蔵する俵谷式ポストの写真はこれ一枚。このほか当時の錦絵に描かれた意匠を元に失われた形を再現した。

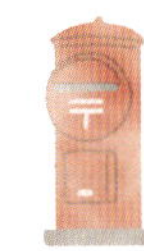

プロローグ

インダストリアルデザインとしての通信

近代郵便制度は1840年にイギリスで始まりました。明治政府が郵便制度を導入したのは、そのおよそ30年後のことで、欧米の制度を日本で実現していくのは、さまざまな苦労が伴いました。

日本の通信制度は、郵便のほか、電信電話という最先端の技術を扱い、そのために必要な設備を海外等から揃え、やがては自らが作り出していきます。郵政博物館に展示されたポストをはじめとする、機器類のインダストリアルデザインは、日本が進めてきた近代化と日本独自なモノ作りの技術の投影でもあるのです。

デルビル磁石式壁掛電話機

明治29(1896)年に誕生。側面のハンドルを回して電話交換手を呼び出し、相手の電話番号を告げてつないだ。小規模な郵便局では昭和40年代まで公衆電話として使用された。

自働郵便切手葉書売下機（模造）

俵谷式ポストの発明家・俵谷高七が、明治37(1904)年に考案。現存する日本最古の自動販売機。向かって右側が切手の、左側がはがきの販売口で、下方に釣銭返却口とポストがある。装置の正確さに難があり、実用化には至らなかった。

「始」ノ世界

明治4（1871）年4月20日（旧暦3月1日）、日本の郵便制度が始まりました。スタートは東京と大阪間。開業初日、東京からは134通の手紙が差し出され、大阪・京都からは40通が東京に差し出されました。好調なスタートを切った郵便は、年末には長崎まで拡大されていきます。

八角時計 明治7（1874）年
各地の郵便局に配備された。当時時計は珍しく、「郵便局の八角時計」と呼ばれ、人々が見物に訪れたという。

「郵便現業絵巻」より「郵便外務員出発時の点検」
明治26（1893）年、シカゴ・コロンブス世界博覧会に出品された。

はじめに時計ありき！

江戸時代の飛脚便は、配達が不規則で、天候にもしばしば左右されました。これに対し、郵便は時刻を決めて、規則正しい運送や配達を行うことが求められました。そのために、各地の郵便局に正確な最新式の時計を配備したのです。手紙を人々に迅速に、正確に届けるのに、時計は欠かせない存在でした。

柱時計（逓信省第12号KIN TSUNE時計製造製）昭和初期
規模の大きな郵便局の局舎内には、右上の「郵便外務員出発時の点検」に表されるように、大型の柱時計が設置されていた。

懐中時計は運送チェック用！

逓送員には携帯用の懐中時計が義務づけられた。この時計は木製や皮製のカバーに入れられ、さらに鍵が掛けられていた。これは逓送員による時間の改ざんを防止し、運送が時間通り行われたかを確認するためで、ストップウォッチのような役割だったのである。

逓送用時計
明治初期、郵便逓送員が携帯した懐中時計。

前島密が目指した通信のヴィジョン“郵便・電信・電話”

35歳頃の前島密。明治3（1870）年、イギリスに赴く際のパスポート用写真。若き日の前島密の姿。

日本近代郵便の父と呼ばれる前島密。彼は幕臣でありながら、明治2（1869）年に明治政府に出仕し、明治3年6月には「郵便創業」を建議しました。建議書には、郵便のさまざまな規則から郵便局員の心得に至るまで

創業時の郵便役所と駅逓寮。旧幕府の魚類御用屋敷跡が利用された。前島の執務室が押し入れのなかに設けられたほど、手狭な施設だった。

ディニエ社製の印字式モールス電信機
文久2（1862）年、榎本武揚がオランダから持ち帰ったもの。前島も榎本と同じく、電信や電気といった最新の力に高い意識を持っていた。

榎本武揚

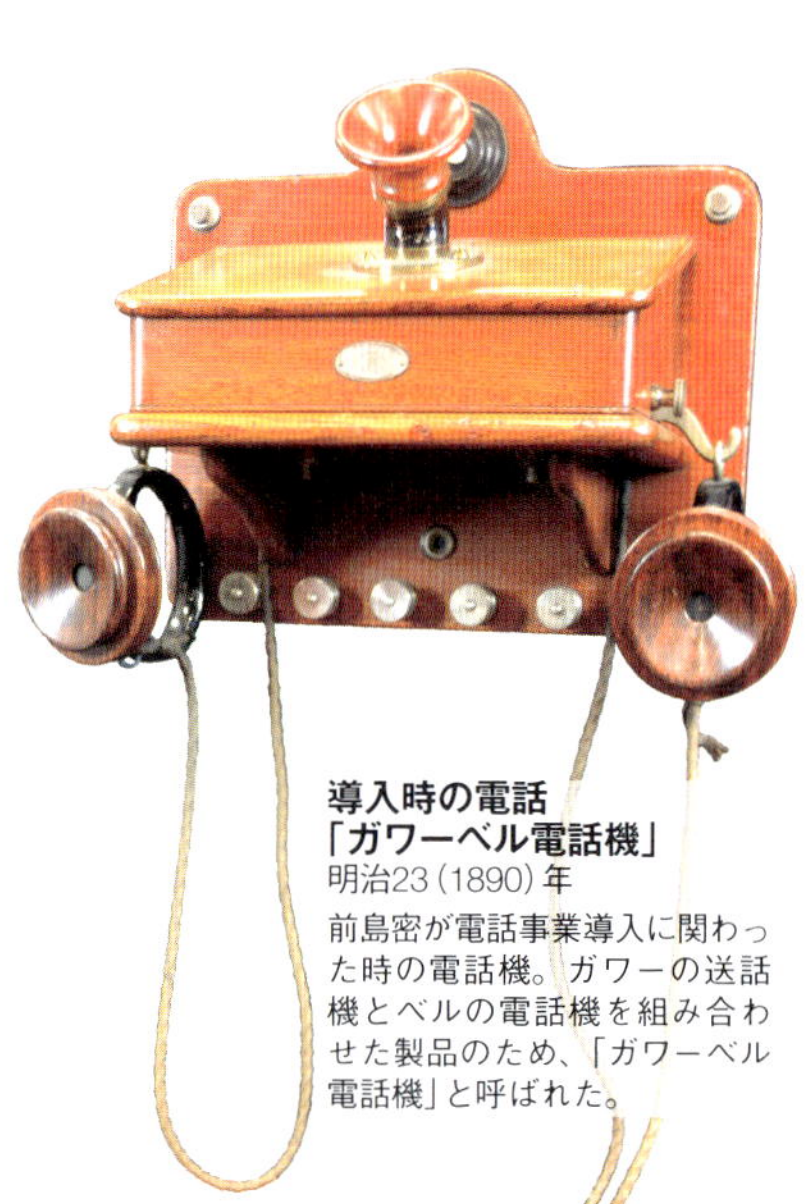
導入時の電話「ガワーベル電話機」
明治23（1890）年
前島密が電話事業導入に関わった時の電話機。ガワーの送話機とベルの電話機を組み合わせた製品のため、「ガワーベル電話機」と呼ばれた。

平成27(2015)年発行
「前島密」1円

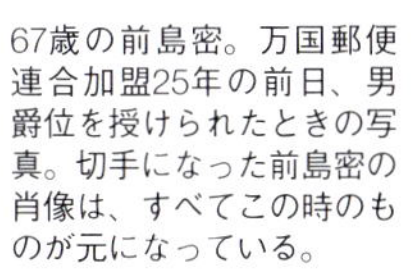
67歳の前島密。万国郵便連合加盟25年の前日、男爵位を授けられたときの写真。切手になった前島密の肖像は、すべてこの時のものが元になっている。

が記されています。

前島密は建議を行った後、ネルソン・レイの鉄道起債破棄のために派遣された大蔵大丞 上野景範(かげのり)の随行としてロンドン出張を命じられ、本業務の傍ら、合間をぬってイギリスでの郵便等の近代的な制度について深く学んでいます。このときの経験が、後の全国料金均一性の実施や、郵便貯金の創設として実を結びます。

また、郵便だけでなく、日本に多くの通信業務を広めようと努め、明治23(1890)年の電話の開業も手掛けています。人々は郵便局に行けば、郵便・電信・電話という多種の通信を手軽に利用できるようになりました。

日本最初の切手
「竜文切手」の100文。
明治4(1871)年4月20日発行。

プロジェクション・マッピング “日本近代通信の始まり”

「始」ノ世界の冒頭で、目にできる映像プロジェクション・マッピングは、日本における近代通信の始まりを象徴的に表したものです。当館の常設展示場に広がる、明治時代の郵便を中心とした近代通信資料の概要を紹介しています。

通信の象徴として、より遠くの誰かに大切な「想いを届けたい」というメッセージが表れる。

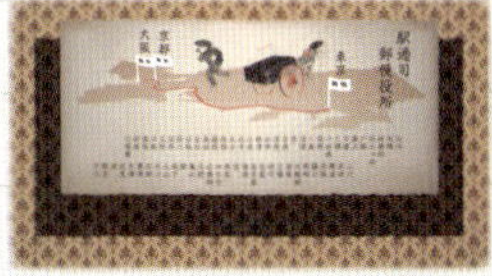
明治4年　郵便創業

明治23年　電話事業の開始

郵便取扱の図より、「雪中の郵便馬車と人車」。

❹郵便窓口の内部。窓口には西洋人の子どもや婦人の顔が見える。

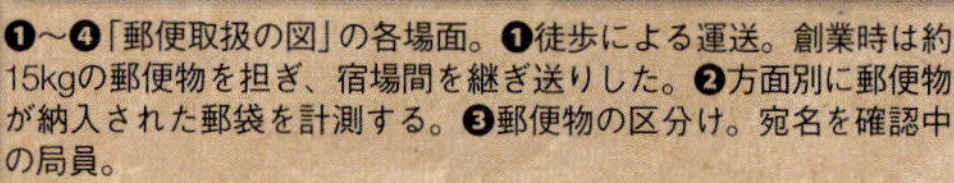

❶〜❹「郵便取扱の図」の各場面。❶徒歩による運送。創業時は約15kgの郵便物を担ぎ、宿場間を継ぎ送りした。❷方面別に郵便物が納入された郵袋を計測する。❸郵便物の区分け。宛名を確認中の局員。

日本の郵便事業を欧米の先進国に伝える

郵便取扱の図
郵便現業絵巻

明治17（1884）年12月から明治18（1885）年5月まで、アメリカのニューオーリンズで開かれた万国博覧会に、日本から14枚1組の「郵便取扱の図」が出品されました。

作者は開化期の異色画家として知られる柴田真哉（しんさい）。彼の日記によると、明治17年10月から11月にかけて、江戸橋駅逓局や横浜郵便局の作業風景を実際に写生したうえで、制作したとされています。そのため、画面からは当時の郵便局の活き活きした作業内容を詳しく知ることができ、興味尽きないものがあります。

一方、「郵便現業絵巻」に関しては明治26（1893）年、アメリカのシカゴで開催されたシカゴ・コロンブス世界博覧会に出品されました。作者は日本画家の久保田米遷（べいせん）で、上下2巻各6枚ずつの12枚構成となっています。上巻は前年の明治25

郵便現業絵巻より、東京郵便電信局の郵便物区分作業。

❺〜❽「郵便現業絵巻」の各場面。❺ポストから郵便物を取り集める外務員。この絵が描かれた明治25（1892）年頃は、ポストの色はまだ赤くなかった。❻鉄道郵便車内での区分作業。車内での区分は明治25（1892）年から開始された。❼郵便物を詰めた郵袋を郵便馬車に搭載する場面。❽郵便物の差立区分作業。

（1892）年に完成した東京郵便電信局の郵便取扱状況などを、下巻は局外での作業を描いています。

この時代、日本は不平等条約の改正に苦慮しており、自国の近代化を欧米の先進国に伝えるため、「郵便取扱の図」や「郵便現業絵巻」を海外の博覧会に出品したものと思われます。ちなみに、「郵便現業絵巻」出品翌年の明治27（1894）年、最初の改正条約になった「日英通商航海条約」がイギリスとの間で締結されました。

「郵便現業絵巻」が出品されたシカゴ・コロンブス世界博覧会の会場。手前の東洋建築が日本館「鳳凰殿」。同世界博覧会は明治26（1893）5月〜10月まで開催された。写真は国立国会図書館蔵。

「郵便」ノ世界

一通の手紙は差し出した方から宛先の方へ、迅速に配達される過程で、多くの郵便局員の手を経て、各種の輸送機関によって運ばれていきます。

郵便局での郵便物の引き受けや、ポストからの取集（しゅしゅう）、重さのチェック、切手の消印（しょういん）作業、さらに宛先別に区分けされ、自動車・航空機等で輸送。そして、各地の郵便局に届いた手紙は、外務員の手によって宛先のお宅へ。

「郵便」ノ世界では、一通の手紙が届くまでに不可欠な要素を展示しています。きっと、こんなに多くの作業があるんだ！と驚かれることでしょう。

制帽ファッション

郵便局員の制服って、とっても格好いいのです。ここでは、明治33（1900）年から昭和46（1971）年までの歴代の制帽をご紹介しています。

制帽・制服は、各時代に流行したモードが基本になっており、それぞれに味わいがあります。

❶明治33（1900）年
❷明治37（1904）年
❸明治37（1904）年野戦郵便局用
❹明治35（1902）年
❺明治42（1909）年
❻明治42（1909）年
❼大正11（1922）年
❽大正11（1922）年夏帽・麦わら帽子
❾昭和33（1958）年
❿昭和46（1971）年

郵便配達・運送で身に付けるもの

創業当時、郵便は一般になじみの薄いものでした。そこで、とくに郵便配達をする外務員の制服は、袖に当時の郵便マークを縫いつけ、ズボンには深紅のひと筋というお洒落なスタイルにしています。当時、まだ洋装は少なく、斬新な制服は人々の目を大きく見張らせ、子どもたちの憧れの的になっていました。

制服は時代ごとに変化していきますが、制服に制帽、かばんの組み合わせは変わりません。加えて、非常時に用いた郵便保護銃や郵便ラッパも携帯することがありました。また、夕暮れや夜間では灯器も必要でした。

ちなみに、街角で犬に吠えられながら、灯器で表札を確認する姿は、むかしもいまもまったく同じですね。

創業時の制帽（韮山笠）**と制服**（複製）
明治5（1872）年〜
黒地に赤い襟で、袖に「丸に一引き」の赤い印（当時の郵便徽章）、ズボンの外側に縦の赤い線が付いていた。

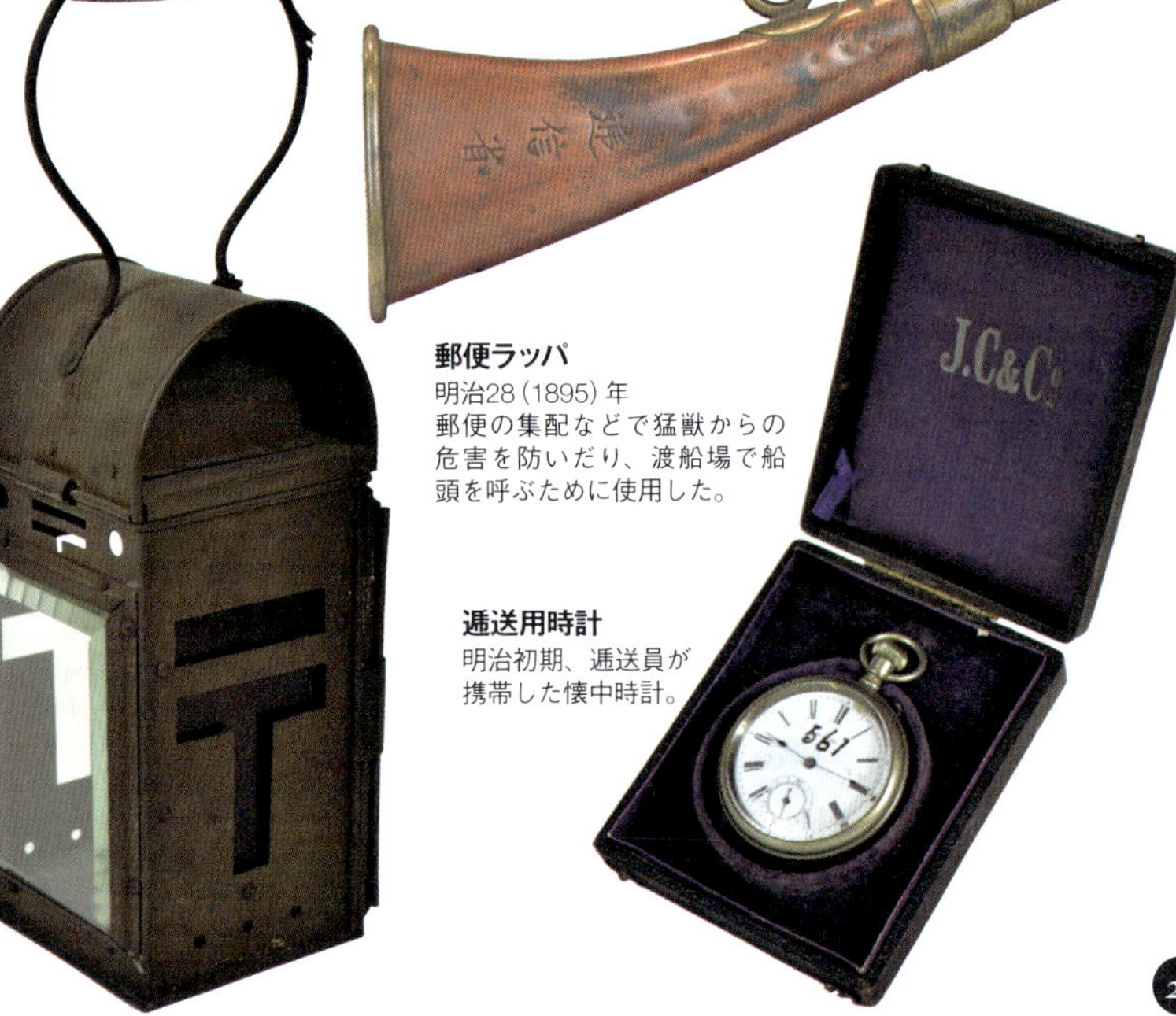

郵便ラッパ
明治28（1895）年
郵便の集配などで猛獣からの危害を防いだり、渡船場で船頭を呼ぶために使用した。

外務員用灯器
明治10〜30年代

逓送用時計
明治初期、逓送員が携帯した懐中時計。

最初の郵便配達用かばん 肩掛箱
（革製・複製） 明治４（1871）年頃

郵便徽章制定時の
制帽（饅頭笠）**と制服**（複製）
明治20（1887）年〜
「〒」マークが明治20年に逓信省の徽章として制定され、丸笠の正面や上着の袖口に「〒」マークが付けられた。

郵便物集配用かばん（帆布製）
明治10〜20年代

郵便物集配用かばん（革製）
明治30年代以降

郵便配達に、郵便保護銃が必要だった!?

外務員の制服の脇に展示されている「郵便保護銃」には、なぜ？と驚かれることだろう。警察官のピストル携帯は大正12（1923）年からとされるが、郵便外務員には創業間もない明治6（1873）年に郵便保護銃の携帯が許されていた。明治14（1881）年までに、本局が運送に危険が伴う地方の局に交付した銃は、総計426挺と記録されている。ただし、郵便物運送の途上で賊に出会っても、身の危険が迫るまでは発砲できない規則だった。

明治20（1887）年には、山間地方に出没する猪や熊などの猛獣予防にも使用が拡大されている。郵便物被害の危険地域はその後、次第に少なくなっていったが、郵便保護銃の携帯は戦後、米軍が駐留するまで許されていた。

郵便旗と逓信旗

最初の郵便マークは、「丸に一引き」のデザインでした。当時の絵を見ると、郵便物を運送する馬車や人車は、「丸に一引き」の郵便旗を揚げ、街を走っています。ただし、正式に郵便のマークと決められたのは、創業から10年以上経った明治17（1884）年になってのことです。その翌年、郵便や電信を管轄する省庁として逓信省が設置されると、明治20（1887）年には逓信省のマークとしていまもおなじみの「〒」が制定されることになります。

「〒」を使った徽章は、明治20年2月8日告示第11号により「自今（〒）字形ヲ以テ本省全般ノ徽章トス」と定められました。「〒」のかたちはカタカナの（テ）の字を元にデザインしたとされています。

この図案のエピソードとして、考案者で逓信建築技官の中島泉次郎によると、逓信大臣の榎本武揚に「逓信省のローマ字の頭文字（T）かカタカナの（テ）か」のどちらがよいか裁定を仰いだところ、カタカナを模したほうが採用された、という話が伝えられています。

郵便旗
創業以来、郵便の象徴として使用されたが、郵便の徽章としての正式な決定は、明治17（1884）年になってからだった。

逓信旗
明治20（1887）年の制定以来、長きにわたって使用。現在は日本郵政グループのブランドマークとして受け継がれている。

郵便物をまとめて運送するには

郵便局に集荷された郵便物は、各地の方面別に区分けされます。それをまとめて運送するには大きな容れ物が必要です。容れ物は時代ごとに、郵便行李（こうり）、行嚢（こうのう）、郵袋（ゆうたい）と変化していきました。

郵便創業時は、逓送脚夫と呼ばれた人々が、郵便行李に棒を渡して担ぎ、リレー運送を行っています。

泥台式網掛行嚢（模造）
明治10〜20年代
郵便物を運ぶ巾着式の袋で、当時はこのような袋を行嚢と呼んだ。防犯用に網がかけられ、泥除けの木製台が取りつけられている。

郵便行李（模造）
明治4（1871）年
創業時に使われ、「品川以西濱松迄」「京坂行」「新井以西大坂迄」の３方面に区分されている。

郵便物一つ一つの重さを測る

郵便物の料金は、重さと大きさという2つの基準をもとに定められています。

日本は明治18（1885）年にメートル条約に加盟していますが、尺（長さ）・貫（重さ）が長く併用され、メートル法と尺貫法を併記したはかりが使用されていた時期もありました。

郵便用指示ばかり 1kg
昭和期
左下のレバーを左側にセットすると500gまで計ることができ、右側にセットすると500g〜1kgまでが計れた。

レバー部分

郵便用指示ばかり
昭和期
尺貫法とメートル法を併記したはかり。2貫800匁（10.5kg）まで計測可能。

各時代の最速の輸送機関が郵便を運んだ！

郵便物を各地に早く正確に届けるため、郵便は各時代の最速の輸送機関で運ばれています。しかも、それらを郵便用に改造してきました。

たとえば、走行しながら区分けや消印をしてしまう郵便輸送専用の車両、鉄道郵便車が考え出され、自動車も郵便物を輸送するのに都合のよいよう、さまざまな工夫がなされました。

郵便専用の飛行機もあります。飛行機は旅客のためのものと思いがちですが、実はその最初期から郵便物を運ぶのも飛行機の大きな仕事でした。

自動三輪車（模型）
昭和10年代
郵便物の局間輸送には、一時期小まわりのきく三輪バイク式の輸送車が登場した。荷台には郵袋が積載された。

郵便飛行機(模型)
昭和初期
航空郵便開始は昭和4(1929)年。航空郵便物の利用は、急速に増加し、輸送拡大のために郵便専用飛行機が登場した。

鉄道郵便車 マユニ31(模型)
昭和10(1935)年製
郵便開業の翌年、明治5(1872)年に鉄道が開業したが、路線は限られ、郵便の運送は部分的なものだった。その後、路線拡張とともに郵便輸送に重要な役割を果たし、鉄道郵便車も登場。明治25(1982)年からは車内での郵便物区分事務を開始した。(鉄道郵便は昭和61(1986)年10月1日に廃止)

人車（枠車）
明治初期

人車（函車）
明治初期

一頭立郵便馬車
明治初期

人車
明治初期

一頭立郵便馬車
明治30年代

＊写真はすべて模型です。

赤い色をした人車・馬車・自動車

郵便創業当時の郵便物の輸送には、専ら「人車（じんしゃ）」が使われていました。人車とは字の示す通り、人力で荷物を運ぶ車のことです。大きな車輪が特徴で、車体は赤く塗られていました。

多くの人がまだ郵便を実感できなかった時代に、町なかを走った赤い人車。日本郵便の父、前島密も後に、「東京中の多くの人々に郵便のことを知らせる広告となった」と、『郵便創業談』のなかで語っています。

やがて、輸送機関の発展とともに、郵便物の輸送は自動車が中心となっていきますが、いまでは赤い色の車が通ると、だれもが「郵便用」と気づきます。

郵便自動車
昭和12（1937）年

郵便自動車
昭和12（1937）年

郵便専用自動車小型
昭和30年代

雪上車(スノーラ)
昭和30年代

郵便自動車
昭和44（1969）年以降

郵便逓送用自動車
昭和40年代

郵便高速自動車
昭和44（1969）年以降

創業時の集配は馬に乗って…！

最初のポスト「書状集箱」に近づくのは、馬に乗った郵便外務員。少々大げさで、集配もやりにくそう…。これは「騎乗集配」といい、郵便事業の広告塔としての役割を担ったほか、外務員の格を上げるためにわざわざ行われたものだった。

江戸時代の脚夫は、社会的に低く見られていた。これに対し、新式の郵便においては、本来は武士の乗り物だった馬に騎乗することで、人々の意識を変えようとしたのである。しかも、外務員は当時珍しかった洋装。「格の高さ」＋「ハイカラ」な集配風景は、こうして生まれた。

郵政博物館物語 4

GO！GO！ポストマンに乗る！

「GO! GO! ポストマン」の画面。腕を前方に伸ばすと、アクセルが強くなり、後方に引くとブレーキが掛かる。

君もポストマン！ 一度試したら、夢中になること請け合い！ 子どもから大人まで、みんなが楽しめる。

郵便バイクで記念撮影。

昭和40年代の経済高度成長期になると、大量の郵便物をスピーディーに配達することが必要となり、郵便バイクが主流になりました。

展示では、本物の郵便バイクに乗っての記念撮影も楽しめますが、外務員のバイクでの配達ぶりも実感してみましょう。それが「GO！GO！ポストマン」。運転席に座って、さあ出発！ 数々のアクシデントに負けず、郵便物の安全を守って、しかも正確に、時間内に配達してみましょう！

通信日付印(櫛型)
明治38（1905）年〜1980年代後半まで、長く使用された日付印。

模式図

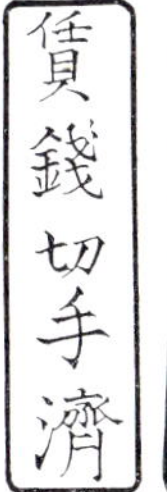

検査済印「賃銭切手済」
明治4（1871）年〜
東海道筋とその周辺で使用。

手押し標語日付印
大正13（1924）年〜
標語は「復興は先つ貯金から」。

標語入り
自動押印機活字
大正10（1921）年〜
標語は「小包の包装は完全に」。

日英博覧会紀念の特殊通信日付印
明治40（1910）年、ロンドンで開催の日英博覧会を記念。

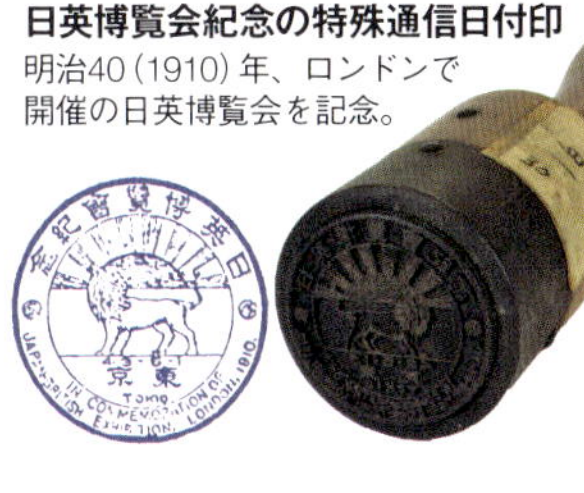

郵便物に消印する

消印（日付印）とは切手に押すスタンプ。郵便局が郵便物を引き受けた証として、また切手の再利用を防ぐために用いるものです。

押された消印からは、引き受けた郵便局名と引き受けた日付などが分かるようになっており、郵便局員が手で押すものと機械によって押すものがあります。

また、絵や標語の入っている消印もあります。とくに風景印は人気があり、郵便局を回って、いろいろな風景印を集めることが広く楽しまれています。

風景入通信日付印
兵庫県宝塚局で、昭和6（1931）年〜昭和15（1940）年まで使用された風景印の原画（常設展 未展示資料）。

切手を抹消し、郵送の日付を記録

消印は創業時から使われ、さまざまな工夫が加えられてきた。右は「二連印」と呼ばれる珍しい消印で、左側の6本線の消印（東京ボタ印）で切手を抹消し、右側の消印（二重丸型印）が年月日を示している。凝った造りだが、この消印、押すのは大変だったに違いない。

〈参考〉
二連印で消印した書状。個人蔵。

明治14（1881）年〜。ボタ印（左）と二重丸型印（右）を組み合わせた二連印（復元）。

泉麻人さんの郵政博物館探訪記

レアな切手を眺めてラジオ体操を踊った。

東京スカイツリーにはもう何度かきた(一度、展望フロアーまで昇った)けれど、「郵政博物館」を訪ねるのは初めてのことだ。とはいえ、このミュージアムの前身ともいえる大手町の「逓信総合博物館」(閉館)は、僕のような〝昭和切手少年〟にとっての聖地であった。

ソラマチのビル9階にある博物館、入り口でまず目につくのは、クラシックな赤いポスト。これは俵谷高七という発明家が考案、明治34年に日本橋の北詰に設置されたものらしい。通路の奥の方にも、様々なタイプの郵便ポストが〝博物館のシンボル〟のような感じで置かれている。なんだか、郵便の国の街の路地裏に入っていくような心地である。

そんな郵便町の玄関先の広場みたいな一角に、郵便事業の祖・前島密の銅像(胸像)がある。これは、逓信博物館の時代から見おぼえのある像で、元切手少年はおもわず背筋がピッとする。氏の生前、

創業当時の郵便外務員の制服に身を包んだ泉さん。

まちがえないでね〜

前島密の銅像

明治後期に造られたものという。

配置された郵便ポストのなかで、ユニークなものを紹介すると、たとえば明治初期の〝黒塗柱箱〟(左)と呼ばれるタイプ。細長い立て看板みたいな箱のフロントに〝郵便箱〟と書かれていたもんだから、ポストなれしていない当時の人々は、一見〝垂便箱(タレベン)〟と読んで、つまり小便器のようなものとカン違いする事件も発生したらしい。明治後期から登場する鋳物を使った赤いポストは、どれも凝ったデザインが施されていて、装飾品として見ても趣がある。

郵便局員が使った郵袋(ゆうたい)(郵便物を収める袋)をはじめとする専門用具や制服の展示も興味深い。僕も、初期の制服姿に身を包んで写真を撮った。ところで、そんな郵便用具展示の一つに拳銃がある。しっかりとケースに収められているが、どうやらホンモノのようだ。戦前までは、防犯目的で局に置かれ、物騒な場所などに配達に行く局員が携帯していくこともあったという(しかし、いくら拳銃を携帯していても、それなりに訓練をしていないと使いこなせないですよね…)。

さて、やはりなんといっても、ココの目玉は切手のコーナーでしょう。図書館の書庫のようなスペースに、あいうえお順に各国の切手がファイルされている。ヨーロッパの最初の国はアイスランド。切手を集めはじめた頃(1964年のオリンピック前後)は、デパートの切手売り場に置かれた消印付の安い外国切手セットをよく物色したものだから、親しみ深い切手がいくつかある。たとえば、宇宙開発時代のソ連が発行

ナカナカ楽しい

スタンプポンド(デジタル切手帳)を楽しむ。

泉さんの少年時代、「世界で一番大きな切手」だったソ連切手。

アメリカ・ケネディ大統領追悼

東ドイツ・シューマンの珍切手

した"世界一大きな宇宙飛行士切手"。ヨコ15センチ、タテ7センチ見当の入場券みたいなサイズで、ガガーリンら4名の飛行士の肖像が描かれている。当時、グリコアーモンドチョコレートの懸賞広告に、コレとイギリスのブラックペニー切手が掲載されていたのを思い出す。

ソ連の60年代のファイルに思い出の切手を発見したが、近年モンゴルがさらに大判の切手を発行。これはもはや世界一ではないらしい。

ドイツ(旧・東ドイツ)発行のシューマンの珍切手(背景の楽譜はシューベルトの曲をミスプリした)やアメリカ発行のケネディ大統領追悼切手(人気のケネディ切手は、ルワンダとかイエメンとか、えっと思うような小国からも発行されている)…なじみ深い切手のチェックにしばらく没頭した。もちろん、わが日本の切手も最初の竜切手からきちんと年代順、ジャンル別にストックされている。

切手もいいけれど、案外なつかしいのがハガキ。「おっ、このヘチマの図案の暑中見舞ハガキ、見おぼえがある!」「そうだ、この鏡モチの年賀ハガキの年から年賀状書き始めたんだよ!」なんて感じで、ふと忘れていたノスタルジーのツボを刺激される。

郵便貯金や簡易保険はちょっと地味かと思ったが、歴代のリスキャラの貯金箱をはじめとして、なかなか魅力的なノベルティグッズが陳列されている。なかに「幻のラジオ体操第三」なんて銘打たれたレコード盤があって、一瞬その因果関係に首を傾けたが、あのラジオ体操というのはそもそも簡易保険の国民健康促進キャンペーンの一環として始まったんですね。

ちなみに"幻の第三"ではないけれど、

郵政博物館のインフォメーションサービス

当館のインフォメーションサービスをご活用ください。展示をより詳しく、より楽しく味わっていただける３つのサービスです。

案内員がご説明

展示場に常駐の案内員が、見学のお手伝いをします。どうぞ気軽にお声掛けを！

キャプションで知る

前島密（まえじまひそか） × 郵便創業
Hisoka Maejima and the Inauguration of the Postal System
明治4年3月1日（新暦1871年4月20日）

明治4年3月1日、東京大阪間に官営の郵便事業が開始されました。これは前島密の発議によるもので、大蔵省や内務省の官僚としての仕事をこなしながら、明治3年から11年間もの長い間郵政の長として、熱心にこの事業の育成にあたりその基礎を築きました。

展示物の脇にあるキャプション。シンプルな文章で概要が分かります。

タブレットでより詳しく

タッチパネル式タブレット。映像と文章を組み合わせ、展示物にまつわる物語や興味深い背景をご説明します。

回転式ポストの差入口に興味津々！

フロアーの一角にモニターのお手本を眺めながらラジオ体操（第二）を実演できるコーナーがある。僕も久しぶりにラジオ体操にトライしてみたが、コレ、ちょっと恥ずかしいね。

他にももう一つ、スクーターで郵便を届ける配達員の気分が味わえる…シミュレーションゲームが用意されている。よくあるドライブ系ゲームの一種なのだが、道筋の所々に配達ポイントが設定されていて、そこをクリアーすると得点がカウントされる。

まぁココは子供をターゲットにしたコーナーなのだろうけれど、僕は幼い頃、郵便配達員が乗る真っ赤なスクーターが大好きで、それをモデルにしたブリキのオモチャを買ってもらったのだった。真っ赤なスクーターのオモチャを動かしながら、郵便配達のおじさんになったつもりでポストのある町角を走る光景を想像していた。

ところで、何故郵便局のカラーが赤になったのか？この件は博物館の学芸員の方にもナゾらしい。

泉 麻人（いずみ・あさと）1956年東京都生まれ。作家・コラムニスト。少年時代の切手の思い出を綴った「昭和切手少年」（2011年／日本郵趣出版刊）ほか、東京を中心とした街歩き、昭和～現代風俗を中心に著書多数。

「手紙」ノ世界

郵便によって配送される手紙。このコーナーでは、日本の手紙の歴史とその多様な世界を旅してみましょう。古来より、手紙は人々の生活に欠かせないものであり、手紙に関するさまざまな道具が作られてきました。また、日本では季節の移ろいにあわせた文章や文具が時代とともに発展し、手紙の世界に豊かな彩りを与え、今日へと受け継がれています。

一方、明治以来の近代郵便では、目的に応じた手紙の形が考えられるようになります。それまでの日本にはなかった「はがき」が使われ始め、そこから絵はがきの大ブームも起こりました。さらに、時候の挨拶にふさわしい、年賀はがきや暑中見舞はがきが次々に誕生していきます。

石山寺縁起（模写）
粟田口隆光　室町時代
勢多橋を渡る東国の武士が、預かってきた文書袋を川に落としてしまう場面。

文書袋（復元）室町時代
書状を入れるための袋。首からぶらさげたり、肩にたすき掛けにして運んだ。

手紙の物語

手紙は、あるときは大切な情報を伝え、あるときは人の心と心をつなぎます。上は滋賀県石山寺に伝わる「石山寺縁起」。これをひもとくと、室町時代の手紙配送の様子が窺われます。東国の武士が国元に帰る途上、勢多橋（現滋賀県大津市）の美しさに見とれ、大切な手紙を川に落とす場面。当時の手紙は文書袋に入れ、旅する人に託した様子が分かります。それにしても、手紙を落とした男の困惑はいかばかりだったのでしょう。

下は江戸時代の錦絵。右手の絵は花魁が手紙を読む姿。首ったけの富商から届いた恋文でしょうか、連綿と綴られた手紙は数メートルもの長さ。一方、左手の絵の女性はなにやら嬉しそう…。手紙に赤い線が入っていますが、赤は恋文に用いられ、青が入っていると離縁状なのでした。

恋文を読む女性の図

手紙部分の拡大。赤い色は恋文に使われた。

錦絵「浮世七小町　あふむ小町」
渓斎英泉画　天保期

錦絵「大江戸日日三千両繁栄之為市」
歌川国貞画　文政期

手紙を巡る道具たち

矢立　江戸時代
携帯用の筆記用具。いずれも筆と墨が収められている。

上表箱(模造)
高貴な人に文書を差し出すときに用いられた。中に巻紙式の書状が収められた。

硯箱　江戸時代

手紙を書き、運び、届けるために、時と場合に応じて、多くの道具が用いられてきました。たとえば「奥の細道」に代表される紀行文のための旅路に、芭蕉も携えた矢立などの筆記用具。あるいは明治や大正の風流人たちに好まれた、色鮮やかな絵封筒といったステーショナリー。手紙を運ぶ容れ物も、高貴な方への手紙を入れた上表箱や、庶民が使った白木の状箱まで実にさまざま。

こうした道具のひとつひとつから、それぞれの手紙が書かれた時代背景と世相が浮かんでくるようです。

矢文(文あり・文なし)(復元)
弓矢に文書を付けて放つ通信手段のひとつ。左の矢文は矢柄に書状を巻きつけた形式。

森鷗外の手紙

大正5(1916)年、鷗外の短編「壽阿彌の手紙」に関連して、国文学者の萩野由之の質問に回答した手紙。
(常設展 未展示資料)

状箱　江戸時代
手紙を持ち運ぶためのもの。春慶塗り、蒔絵、使い捨ての白木製など、用途に応じて素材が選ばれた。

絵封筒と絵半切　明治初期
絵封筒は花鳥などの絵を添えた封筒で、風流人に愛された。絵半切は絵入り便せんのこと。

秘密文書送付箱　江戸時代
紀州藩で用いられた秘密文書用の書状箱。日付の入った封印が残されている。

駅鈴(えきれい)とはなにか？

古代の律令制では、公用の旅や通信用に馬や船を常備する場所を駅といった。駅鈴は、官人の公務出張の際に朝廷から支給され、駅馬を利用するときの証明になるもの。そのため、通信のシンボルとされている。

当館所蔵の駅鈴は島根県隠岐島の玉若酢神社所蔵の模品。明治44（1911）年に制作された。

記念絵はがきの世界

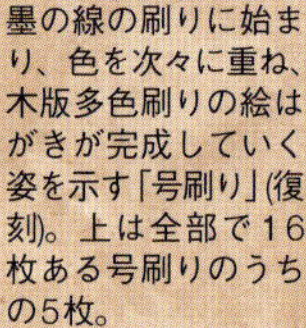

墨の線の刷りに始まり、色を次々に重ね、木版多色刷りの絵はがきが完成していく姿を示す「号刷り」(復刻)。上は全部で16枚ある号刷りのうちの5枚。

記念絵はがきとは、大礼やご成婚など、国家的な記念行事の際に逓信省が発行したもの。写真加工した絹地を貼り込んだり、精緻なエンボス加工をするなど、手の込んだ造りが多く、伝統的な木版多色刷りによる記念絵はがきもあります。

ここに挙げたのは、大正8（1919）年発行の「平和紀念絵葉書」。第一次世界大戦の終結と平和の回復を記念したもので、原画は日本画家の鏑木清方画「少年少女と鳩」。木版多色刷りに使われた版木は16枚という、豪華な造りでした。製造には、全国から多くの木版職人が集められ、腕を振るっています。

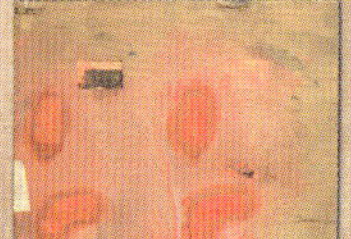

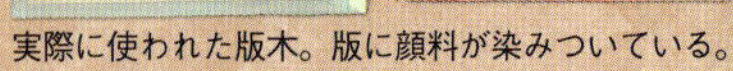

実際に使われた版木。版に顔料が染みついている。

明治時代の記念絵はがき大ブーム！

記念絵はがきを求め、神田郵便局に並ぶ長蛇の列。

明治39(1902)年、日露戦争の戦勝熱と絵はがき熱が頂点に達した。同年5月6日発売の「日露戦役紀念絵葉書」では、発売郵便局に長蛇の列ができ、警視庁は非番の巡査まで動員して整理に当たった。

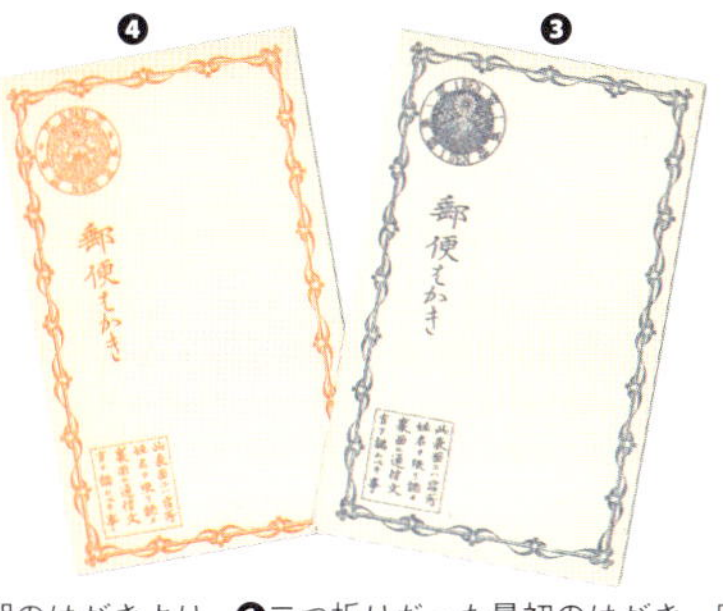

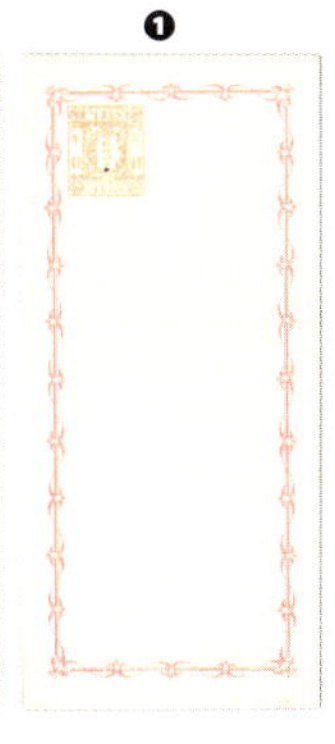

初期のはがきより。❶二つ折りだった最初のはがき。明治6(1873)年発行。❷❶を開いた内面。❸❹小型はがき。二つ折りを止め、1枚のはがきになった。明治8(1875)年発行。❸は1銭(全国用)、❹は半銭(市内用)。

時代と手紙

郵便の世界にはがきが登場するのは、切手よりやや後のこと。導入時ははがきに適した厚さの洋紙を作ることができず、日本で最初のはがきは、二つ折りという封書とはがきの中間の形をしていました。郵便には時代ごとの諸事情が反映しています。日露戦争から太平洋戦争まで設けられた「軍事郵便」も、時代を映す郵便のひとつ。他の郵便と異なり、料金は基本的に無料とされていました。

軍事郵便の案内ポスター
明治37(1904)年
当ポスターは軍事小包郵便の差し出し方を周知するもの。

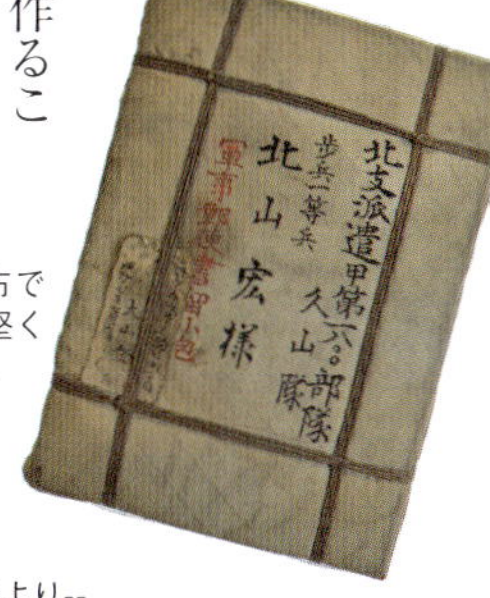

軍事郵便物包装見本(模造)
昭和11(1936)年頃
案内ポスターの「包装は丈夫な白布で包み、麻糸で井の字型か亀甲型に堅く縛り…」の通りに、包装されている。

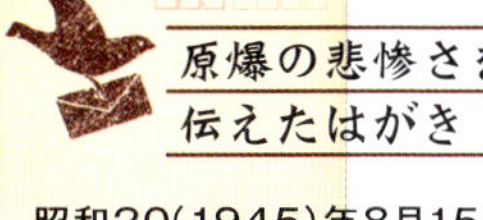

原爆の悲惨さを伝えたはがき

昭和20(1945)年8月15日の日付印

昭和20年8月9日、新型(原子)爆弾が長崎に投下された。このはがきは当時、熊本第五高等学校の一年生だった相川賢太郎氏(元三菱重工株式会社代表取締役社長)が、被爆直後の長崎の状況を同級生・千地万造氏(元大阪市立自然史博物館館長)に書き送ったもの。文面は原爆の悲惨さを生々しく伝えている。

--裏面の文面より--
「敵機と追いつ追はれつ胆を冷やしながらも約二十時間の後無事長崎に到着致しました。新型爆弾の威力を眼前に見せつけられた時自分は思はず戦慄するのを覚えました。これが人類自滅の兇器となるかも知れません。被害の跡たるや焼跡と云うより寧ろ小さな砂漠と云った方がピンと来る程です。周囲の山は一木一草悉く枯れ尽くし、正に死の色を呈して居ます。赤黒い死体は、或ひは躍ったやうにし、或ひは椅子に掛けたまゝあちこちに散見せられ、新型爆弾が如何に大いなる力を瞬間的に発揮するものであるか、如実に物語って居ます。」

季節と手紙

はがきはもともと時候の挨拶を述べるのに適したものでした。戦後、そうした要望に応え、登場した代表例が、年賀はがきと暑中見舞はがきです。とりわけ年賀はがきは国民的人気となり、ピーク時には42億枚を超える発行数を記録しています。

昭和25(1950)年用・お年玉くじつき年賀郵便のポスター
昭和24(1949)年
お年玉くじつき年賀はがきは、この昭和25年用から発売が始まり、1億8000万枚が発行された。くじ景品の特等は高級ミシン(18本)、2等は純毛洋服生地(360本)で、時代を物語っている。

最初の年賀はがき　昭和25年用(昭和24年発行)

6等(末等)賞品になった年賀切手小型シート「応挙のトラ」。

寄付金なし2円と寄付金つき2＋1円が発行された。

年賀はがきの販促嬢

昭和24年暮れ、最初のお年玉年賀はがきの販売では、キャンペーンガールたちが街中で年賀はがきをアピールして、販売を後押しした。各郵便局とも、寄付金つき年賀はがきの販売不振に苦しんでいたのだが、キャンペーンガールたちの奮闘もあり、最終的に年賀はがきは完売した。

移動バスの前に並ぶキャンペーンガールたち

暑中見舞はがきのポスター
昭和25（1950）年　熊本郵政局
お年玉くじつき年賀はがきに続き、暑中見舞はがきが発行された。当初、暑中見舞はがきにくじは付けられなかったが、昭和61（1986）年にくじつきとなり、愛称も「かもめ〜る」と付けられた。

最初の暑中見舞はがき　昭和25年

裏面の異なる５種が発行され、石井柏亭「風景」、川端龍子「貝類」、川島理一郎「蘭」、宮本三郎「金魚鉢」、吉岡堅二「とんぼ」と、一流の画家が挿図を寄せている。

吉岡堅二「とんぼ」

石井柏亭「風景」

表面

海水浴場でのはがき販売

右の写真は昭和34年の夏、人々が繰り出した鎌倉材木座海岸の海水浴場。色とりどりのビーチパラソルや水着姿が海岸を埋め尽くすなか、移動郵便車が出動すると、たちまち人々が集まってくる。郵便車から暑中見舞はがきを買い求め、車の前のテーブルでは、海からの夏だよりに忙しい。たよりの脇の画家たちが描いた挿図が、一陣の涼を呼ぶ。

鎌倉材木座海岸に出動の移動郵便車

「切手」ノ世界

WORLD OF POSTAGE STAMPS

切手はポストと並ぶ、郵便の象徴です。切手はたんに郵便料金の証であるばかりでなく、3㎝四方に秘めた美しさから「小さな美術館」と呼ばれ、自国の文化を世界に伝える「小さな外交官」とも呼ばれます。

当館で常設展示されている切手は、世界最大級の約33万種。アジア、ヨーロッパなどの地域別に分かれ、そのなかで発行国別・年代順に展示されています。ひとつひとつの切手を辿るとき、発行国それぞれの独特の文化や時代の流れが実感でき、あなたを興味深い世界一周の旅に誘うことでしょう。

2552枚の切手のモナ・リザ

福田繁雄「世界への微笑」（1988年）
日本の使用済み普通切手等2,552枚を使用して「モナ・リザ」を構成

「切手」ノ世界であなたをお出迎えするのは、グラフィックデザイナー・福田繁雄さんの「世界への微笑」。2552枚の日本の使用済み普通切手等を組み合わせて、作られたものです。

福田さんの素晴らしいアイデアを可能にしたのは、切手一枚一枚の色の違い。切手がいかに多彩な色で印刷されているかを、モナ・リザは教えてくれます。

切手で構成された「モナ・リザ」の部分。

「切手」ノ世界 案内図

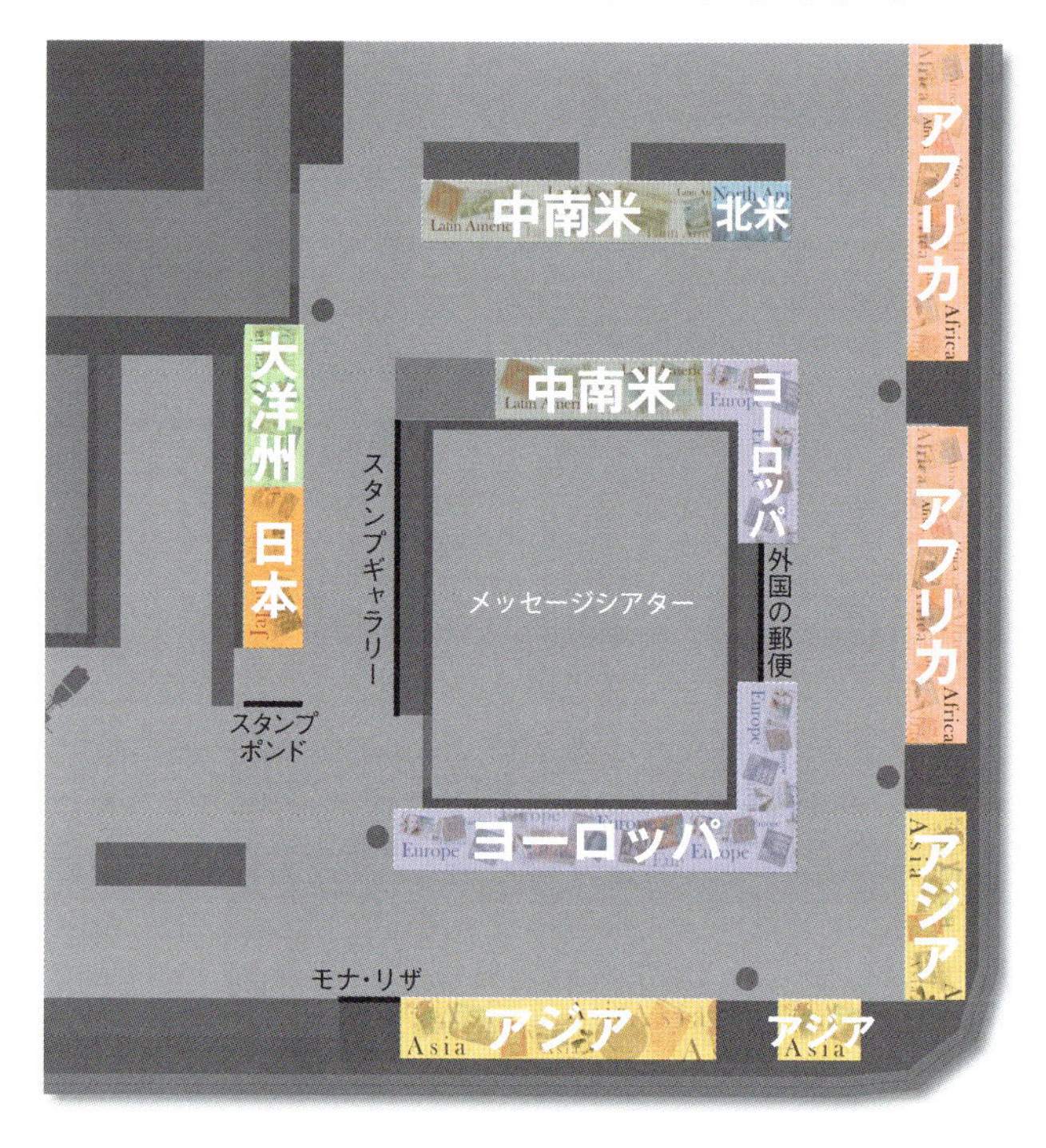

「切手」ノ世界は、メッセージシアターを取り囲み、日本・大洋州・アジア・ヨーロッパ・中南米・北米・アフリカの各地域別に配置されている。それぞれの地域のなかからお目当ての発行国を探し、スライド展示を引き出すと、その国の切手が年代順に鑑賞できる。

日本の切手

新しい日本の普通切手

日本の普通切手としては17年ぶりの図案統一が行われ、平成26(2014)年3月3日に7種、平成27(2015)年2月2日に12種の普通切手が発行されました。1円から1,000円まで「日本の自然」を共通のテーマにしています。

1円 前島密

2円 エゾユキウサギ*

3円 シマリス

5円 ニホンザル

10円 トキ

20円 ニホンジカ

30円 キタキツネ

50円 ニホンカモシカ

52円 ソメイヨシノ*

82円 ウメ*

92円 スミレ*

100円 サクラソウ

120円 フジ

140円 ヤマブキ

205円 屋久島国立公園(縄文杉)*

280円 吉野熊野国立公園(那智の滝)*

310円 利尻礼文サロベツ国立公園(利尻島)*

500円 十和田八幡平国立公園(奥入瀬渓流)

1,000円 富士図(田能村竹田画)

*新普通切手のうち、慶弔切手は除いています。

* 2014年3月3日発行 無印 2015年2月2日発行

プレミアムな「普通切手帳」も発売！

17年ぶりの普通切手のデザイン統一を記念して、新普通切手18種(1,000円を除く)と小型シート2種を収めた「普通切手帳」も発行されている。小型シートは2円・3円切手と、新旧の1,000円切手を収めた2種。発売部数は2万部(追加1万部)という少なさで、切手収集家向けのプレミアムな切手帳として企画された。

「普通切手帳」に収められた小型シート2種。

イギリスの切手

女王陛下の普通切手

世界の国々には、長い間同じ図案の普通切手を発行している国があります。イギリスのエリザベス2世女王切手もそのひとつ。原画作者の名前からマーチン・タイプと呼ばれ、さまざまな色を使いながら、いまも発行が続けられています。

1980年・淡青

1979年・深赤

1979年・緑

1981年・バラ色

1980年・赤紫

1983年・紫茶

1981年・緑青

1979年・淡紫

1991年・オリーブグリーン

1985年・赤褐色

1976年・黄緑

1979年・橙茶

1980年・赤褐色

1979年・黄土色

1980年・黄緑

1979年・灰緑

1980年・紫茶

1981年・灰青

1979年・紺青

1981年・淡紫

世界で初めての切手はイギリスから

1840年、イギリスから発行された1ペニー切手が、世界で最初の切手になった。図案に描かれたのはビクトリア女王で、1ペニー切手の刷色が黒であることから「ペニー・ブラック」と通称されている。シートは240面という大きなもので、左下と右下のアルファベットの組み合わせで偽造防止策を施し、切手のシート上の位置が分かる。なお、ビクトリア女王の図案は、同時代の記念メダル「ワイオンのシティー・メダル」から採られた。

ペニー・ブラック

ワイオンのシティー・メダル。1837年、ビクトリア女王の市庁舎訪問（ロンドン・シティー地区）を記念して製作された。個人蔵。

フランスの切手

女性図案の普通切手 1944年～

フランスの普通切手には、しばしば女性が登場します。とりわけ第２次世界大戦末に、フランス共和国の象徴であるマリアンヌ（自由の女神）が図案に登場すると、以後デザインを変えて、数多くのマリアンヌが切手図案となっています。

アルジェのマリアンヌ
1944年

デュラクのマリアンヌ
1944～45年

マズランのセレス
1945～47年

ガンドンのマリアンヌ
1945～54年

ミュラーのマリアンヌ
1955～59年

農婦シリーズ
1957～59年

船上のマリアンヌ
1959～65年

種まき
1960～65年

コクトーのマリアンヌ
1961～65年

ドゥカリスのマリアンヌ
1960～65年

シェファーのマリアンヌ
1967～69年

ベケのマリアンヌ
1971～76年

ガンドンのサビーヌ
1977～82年

ガンドンのリベルテ
1982～90年

革命200年のマリアンヌ
1990～97年

革命記念日のマリアンヌ
1997～2004年

ラムーシュのマリアンヌ
2005～2007年

ボジャールのマリアンヌ
2008～2013年

マリアンヌと青少年
2013年～（国内用）

マリアンヌと青少年
2013年～（遅送割引用）

＊掲載の切手は、常設展示に含まれていないものもあります。

マリアンヌが被っている帽子は？

フランスの普通切手によく登場するマリアンヌは、フランス共和国の擬人化されたイメージで、多くは赤い三角帽子のフリジア帽を被っている。フリジア帽は古代ローマ時代、解放された奴隷が被ったもの。そこから、フリジア帽は自由への解放の象徴とされ、フランス革命で民衆を導いた自由の女神（マリアンヌ）を描く際にも、フリジア帽姿にするのが通例となっていった。

フランスの美術切手より、エフェル画「少女マリアンヌ」１９８３年発行。少女の被っている独特の形の赤い帽子が、フリジア帽。

待機画面。操作しない時はランダムに選ばれた切手が漂うように移動する。

検索画面。画面下部のキーワード「人物」にタッチ。関連する切手が画面中央に引き寄せられる。

詳細情報表示画面。切手を拡大表示する。タイトルや解説などの文字情報を見ることができる。

スタンプポンドで遊ぼう!

スタンプポンド（デジタル切手帳）は、「切手」ノ世界の案内人。画面のなかで見たい切手を探すことができてしまう! 切手発行国から探すのはもちろん、切手の発行年代からも表示できます。

そして、一枚一枚の切手を拡大表示すると、発行国・発行名称・発行年月日・額面・意匠・発行経緯の解説などが分かってしまうから、凄いのです!

また、好きなキーワードで切手を探すのも、スタンプポンドにおまかせ。キーワードは「人物」「動物」「植物」「食物」「音楽」「名画」「名所」。そのうえ、「かわいい」「きれい」「めずらしい」なんてキーワードでも検索ができてしまいます!

切手にはありとあらゆるテーマが盛り込まれています。いろんなテーマの切手を探して、楽しんでみましょう。

テーマの切手❶

切手で楽しむ世界の食

切手には、発行国の独自の文化やお国柄が詰まっています。近年、発行の多い“食”の切手もそのひとつ。前菜、メインディッシュからデザートやチーズまで、見ているだけでお腹がいっぱいになりそうです。

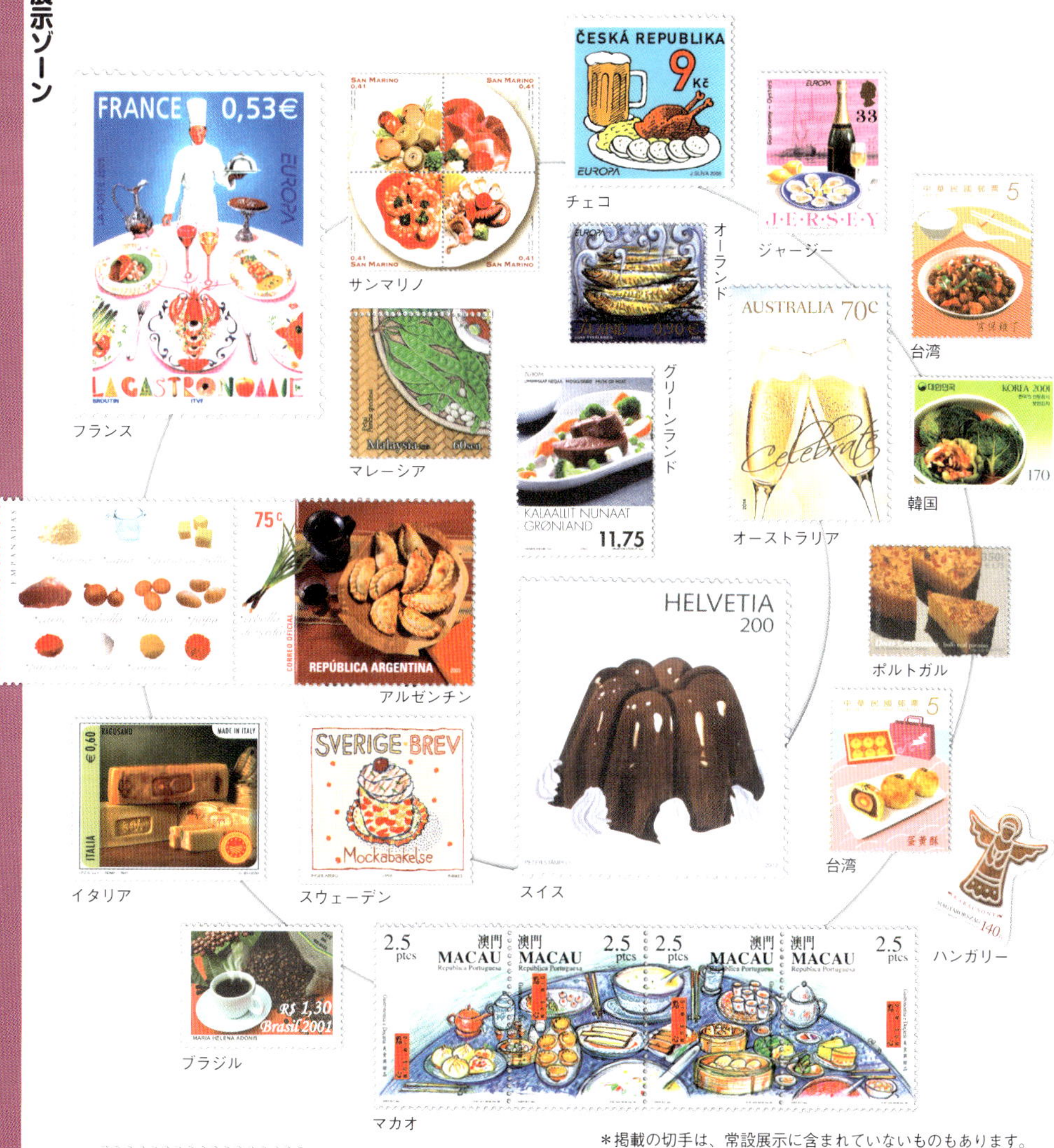

＊掲載の切手は、常設展示に含まれていないものもあります。

日本　平成27年用
海外年賀切手（差額用）

日本初の“SUSHI”切手

世界各地での回転寿司人気もあり、いまや世界食の“SUSHI”。香港やイランでも寿司切手が発行されているが、日本でも海外向けの差額用年賀切手として、初めて寿司切手が登場した。年賀はがきにこの切手を貼り足せば、年賀状として海外に差し出すことができる。寿司ネタの選定に当たっては、寿司職人の方がアドバイスしたのだとか。

テーマの切手❷

ニャンニャン可愛い猫たち!

いつもマイペースの勝手気ままな猫たち。人とはちょっと距離を置いているくせに、いつのまにか寄り添っていたりします。そんな猫たちは切手の世界でも大人気。各国から発行される猫切手で図鑑ができてしまいそう。あなたはどの猫がお好きですか？

ポーランド

ドイツ

デンマーク

イギリス

フォークランド諸島

日本

日本

日本

ブルガリア

ラトビア

中国

オーストリア

仏領南方・南極地域

ベトナム

ノルウェー

ブルキナファソ

イギリス

フランス 1997年
長靴をはいた猫

物語のなかの猫

「不思議の国のアリス」のチェシャ猫をはじめ、物語に登場する猫もしばしば切手に描かれている。左はペローの童話に出てくる長靴をはいた猫。生意気でユーモラスな猫の姿は、フランスの銅版画家ドレによるもの。

オーランド

ブルガリア

テーマの切手❸

華麗なるバレリーナ

華やかな舞台衣装を身にまとい、名曲のリズムにのって優雅に踊るバレエは、世界中で愛されている舞踊のひとつです。切手に描かれたバレリーナの姿は、まるで名画のワンシーンのよう。特に有名なバレエ団を擁する国々から、数多く発行されています。

チェコスロバキア

ブルガリア

オランダ

ブルガリア

デンマーク

オーストリア

ソビエト連邦

ウルグアイ

スウェーデン

オーストリア

ニュージーランド

デンマーク

モナコ

アメリカ

日本

キューバ

ニュージーランド

イギリス

アメリカ

エストニア

パナマ

甘～いバレエ切手？

20世紀初頭に活躍したアンナ・パヴロワは、世界中で絶賛された伝説のバレリーナです。世界巡演の途中、旅先のホテルでシェフが彼女をイメージして、その名を冠した「パヴロワ」というお菓子を作りました。切手の背景にも描かれている、メレンゲとフルーツのデザートです。おいしそう！

オーストラリア 2009年 著名人ゆかりのデザート

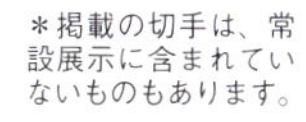
＊掲載の切手は、常設展示に含まれていないものもあります。

スタンプギャラリーが物語る

切手の楽しさを多くの方に知っていただきたい…、そんな願いから開設したスタンプギャラリー。

切手って、紙のものばかりではなくて、金銀銅の箔の切手もあれば、アルミや木製の切手もあります。形だって四角だけでなく、国土地図の形やバナナの形もあれば、ハート型の切手だってあるのです。そうそう、チョコレートの切手もありますが、知ってました？

そして、切手を挿絵にすると、いろんな物語が始まります。1枚の切手が封筒に貼られてから、宛先の人に届くまでだって、さまざまな切手に描かれた図案で楽しい物語ができあがってしまいます。だから、みんな、切手が大好きなんですね！

萬国切手の見どころ

切手 × 甘「チョコレート切手」

甘くとろける香りに誘われて、つい食べてしまいたくなるような切手たち。2001年にはスイスから、リアルな板チョコのデザインに、チョコレートの香りのする香り付き切手が発行されました。そのほかベルギーなどでもチョコレートの切手が発行されています。

チョコレートの香り付き切手（チョコレート製造組合100年）、スイス、2001年

切手 × 素材

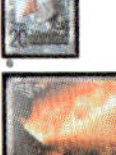

切手は紙に印刷されたものばかりではありません。1966年にはアフリカのガボンから金箔の切手、1971年には同じくギニアから銀箔、1987年には南米のパラグアイから銅箔の切手が発行されています。

そのほかアルミ箔や木製の切手などが発行されています。

❶❷ アルミニウム製、ソビエト連邦（現ロシア）、1961年／1965年
❸ 銀製、シャルジャ（現アラブ首長国連邦）、1969年
❹ 鉄製、ブータン、1969年
❺ 金製、シャルジャ（現アラブ首長国連邦）、1969年

切手 × 恋「恋する切手」

フランスでは毎年バレンタインデーにちなんだ様々な趣向をこらしたハート形の切手が発行されています。

バレンタインデーのほか、愛や平和を伝える切手としてハートのモチーフは人気があります。

❶ エルメス・バレンタイン、フランス、2011年
❷❸ アウリッオ・ガランテ・バレンタイン、フランス、2011年
❹ イスラエル・レスキュー、イスラエル、2011年

切手 × 変形

世界各国から三角形や円形などの変わった切手が多数発行されています。

1970年にトンガからバナナ形やココナッツ形の切手、そのほかとても小さな切手なども。これらは主に収集用として発行されています。

❶ 帆船形、トンガ、1973年
❷ 地図形、ノーフォーク島、1975年
❸ 縦長の切手、イスラエル、1967年
❹ 小さい切手、コロンビア、1952年
❺❻ 地図形、トンガ、1964年
❼❽ バナナ形、トンガ、1970年
❾❿ コラの木の実形、シエラレオネ

切手 × 音「レコード切手」

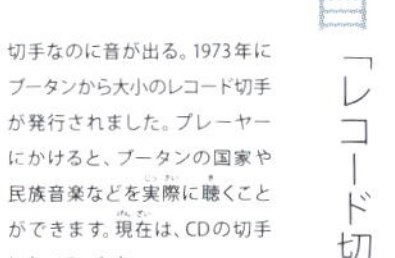

切手なのに音が出る。1973年にブータンから大小のレコード切手が発行されました。プレーヤーにかけると、ブータンの国家や民族音楽などを実際に聴くことができます。現在は、CDの切手になっています。

❶❷ レコード切手、ブータン、1973年

切手 × 珍品

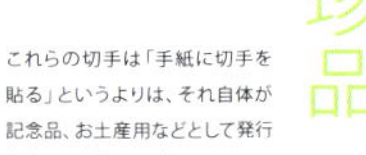

これらの切手は「手紙に切手を貼る」というよりは、それ自体が記念品、お土産用などとして発行されているものです。

コインの形をした切手のほか、特殊な印刷方法で立体的なイラストが浮き上がるように加工されたものなど、世界には多様な珍品切手が数多く存在します。

❶ ホログラム形、ウム・アル・カイワイン（現アラブ首長国連邦）、1966年
❷ コイン形、トンガ、1963年
❸ コイン形、ブルンジ、1965年

切手×絵本 切手のぼうけん

はじめに

みなさんは、手紙をかいたことがありますか？
とくだんなくても、「手紙のぼうけん」の主人公は、
みなさんです。
ぼうけん？ むずかしいことではありません。
目の前のちいさな切手をじいっと見つめて、
気がむいたら、章のはじめのみじかいお話を、
じゅもんのように、ゆっくりととなえてみてください。
さあ、なにがはじまるのかな？

Ⅰ かく

ぼくを生むのはみんなの思い。
遠くに住んでるおばあちゃんに
夏の海辺で出会ったあの子に。
日々のできごと
旅のおもいで
うかんだことを
ほら、かいてみよう。

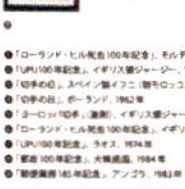

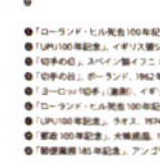

❶「国際文通週間」、タイ、1964年
❷「国際文通週間」、タイ、1963年
❸「郵便10周年」、イギリス領カタール、1968年
❹「ウィーン国際切手展」、オーストリア、1965年
❺「切手の日」、ポーランド、1957年
❻「ストックホルム国際切手展」、スウェーデン、1986年
❼「切手の日・切手展」、ハンガリー、1960年
❽「切手の日」、ポーランド、1958年
❾「美術切手」、フランス、1985年

Ⅱ だす

おつぎはぼくに切手をはって
ポストのあんぐりひらいた
お口に入れよう。
きみとお別れさみしいけれど
きみの気持ちはぼくのなか。
ポストのなかはまっくらだけど
なぜかぽかぽかあたたかい。

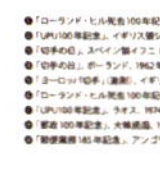

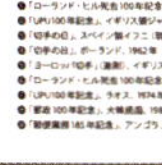
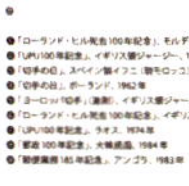

❶「ローランド・ヒル死去100年記念」、モルディブ、1979年
❷「UPU100年記念」、イギリス領ジャージー、1974年
❸「切手の日」、スペイン領イフニ（現モロッコ）、1968年
❹「切手の日」、ポーランド、1962年
❺「ヨーロッパ切手」（通信）、イギリス領ジャージー、1979年
❻「ローランド・ヒル死去100年記念」、イギリス、1979年
❼「UPU100年記念」、ラオス、1974年
❽「郵政100年記念」、大韓民国、1984年
❾「郵便業務145年記念」、アンゴラ、1983年

Ⅲ あつめる

まだかな
まだかな
まだかな 郵便屋さん。
ほら、むこうからやってきた。
すてきな制服びしっときめて
両手にもつのは大きなふくろ。
ぼくらを入れる大きなふくろ。

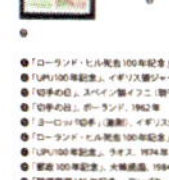

❶「国際切手展」、ブータン、1973年
❷「交通建設」、台湾、1967年
❸「郵便150年」、ウルグアイ、1977年
❹航空切手、ルーマニア、1977年
❺普通切手、ハンガリー、1955年
❻「UPU100年記念」（小型シート）、赤道ギニア、1974年

Ⅳ わける

ぼくらは向かう 向かう 向かう。
郵便局へと向かうんだ。
ここでぼくらはふたたびさよなら。
行き先ごとにわけられる。
どの国
どの町
どの家に。
世界は広いよ こころはおどる。

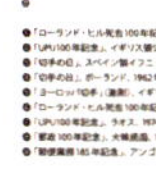

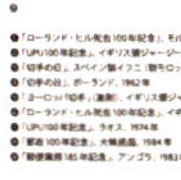

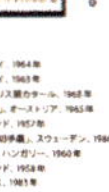

❶「ストックホルム国際切手展」、スウェーデン、1986年
❷「パリ国際切手展」、フランス、1964年
❸「世界コミュニケーション年記念」、ベトナム、1983年
❹「郵便150年」、ウルグアイ、1977年
❺普通切手、スイス、1986年
❻「郵便の日」、ポーランド、1979年
❼普通切手、スイス、1986年
❽「切手の日」、ドイツ民主共和国（東ドイツ）、1963年
❾「ストックホルム国際切手展」、スウェーデン、1986年

Ⅴ はこぶ

くるま
ひこうき
ふね
でんしゃ
いろんな乗り物のりこんで
ゆらゆらゆられ
つかのまおひるね。

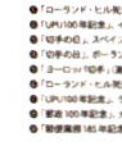

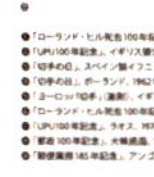
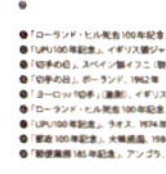
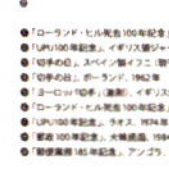

❶「ストックホルム国際切手展」、スウェーデン、1986年
❷「切手の日」、ドイツ国、1943年
❸「郵政事業史シリーズ」、ソビエト連邦、1965年
❹「国際文通週間」、ハンガリー、1958年
❺「通信省設置25年」、ポルトガル、1973年
❻「郵政事業史シリーズ」、ソビエト連邦、1965年
❼「UPU100年記念」、ドイツ民主共和国（東ドイツ）、1974年
❽「世界コミュニケーション年記念」、ルーマニア、1983年
❾「切手の日」、チュニジア、1960年

Ⅶ よむ

まちにまった このしゅんかん。
封を切ろうと
わくわく どきどき。
ぼくまでうれしくなってくる。
きっと伝わる
みんなの こころ。

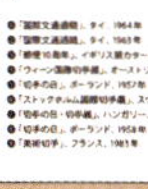

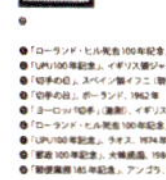

❶「国際文通週間」、タイ、1970年
❷「国際文通週間」、タイ、1969年
❸「国際文通週間」、タイ、1966年
❹「ソ連より美術品の返還記念」、ドイツ民主共和国（東ドイツ）、1955年
フェルメール「窓辺で手紙を読む女」
❺「クリスマス」、モナコ、1978年
❻「第16回万国郵便大会議記念」、日本、1969年 鈴木春信「文読み」
❼「第16回万国郵便大会議記念」、日本、1969年 喜多川歌麿「文読む女」
❽「切手趣味週間」、日本、1959年 細田栄之「浮世源氏」

おわりに

万国郵便連合のシンボルを、もう一度、眺めてください。

そこに表されているのは、「手紙は世界をひとつに結ぶ」という信念です。

国と国だけではなく、ご家族やお友達、まわりの方々との間にあたたかな絆を生みだす手紙。みなさんの内に無限に広がる「世界」が、さらに豊かになるきっかけとなるかもしれません。

「ぼうけん」は、これで終わりではありません。一本の鉛筆と一枚の紙をどうぞ手にしてください。

この先を続けるのは、みなさん自身です。

テーマの切手❹

変わり種切手ア・ラ・カルト

世界の切手には、へえ！っとびっくりするような変わり種があります。レースや陶器の切手があったり、見る角度で絵柄が変わる切手や音楽が聴けるレコード切手も。どうぞ、変わり種切手ア・ラ・カルトをお楽しみあれ！

上：フランス・レース切手
右：オーストリア・刺繍切手

中国・スクラッチ切手
削るとメッセージが！

中国香港・迷路切手

スペイン・銀製切手

ブータン・レコード切手

リヒテンシュタイン・切り抜き切手

オーストリア・スワロフスキークリスタル切手

ブータン・3D切手

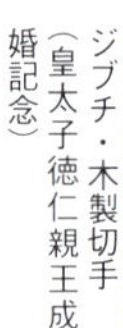

ジブチ・木製切手（皇太子徳仁親王成婚記念）

トンガ・バナナ型切手

オーストラリア・レンティキュラー切手（見る角度で別の絵柄に）

オーストリア・陶器切手

韓国・扇型切手

オーストリア・蛍光切手
（暗所で紫外線を当てると発光）

金箔切手の第１号はガボンから

いまでは世界中から変わり種切手が発行されているが、1965年にガボンが発行した金箔切手には、世界の切手収集家が驚かされた。しかも、この切手、アフリカでの医療活動で名高いシュバイツァー博士の追悼切手。ガボンは博士が医者となって、最初の活動を行った地でもある。

テーマの切手❺

愛がいっぱい！ LOVE切手

愛を込めた手紙に貼るのは、やっぱりLOVE切手がお似合い。そしてLOVEといえばハート！ 最初はLOVEの文字だけだったのが、いまやハート図案やハート型の切手が、世界中から発行されています。大切なあの人への手紙を、LOVE切手で届けたい！

最初はポップアートの“LOVE”切手

アメリカ1973年　LOVE切手

世界最初のLOVE切手は1973年発行のアメリカ切手。原画作者はポップアーティストのロバート・インディアナで、日本の新宿アイランドタワーほか、世界各地の街角に彼の“LOVE”彫刻が建っている。

＊掲載の切手は、常設展示に含まれていないものもあります。

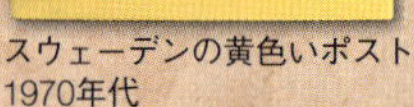

スウェーデンの黄色いポスト
1970年代

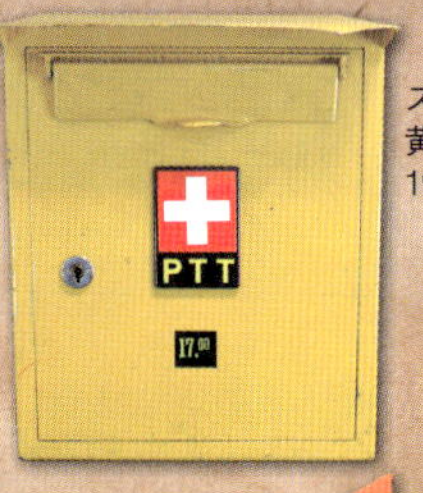

スイスの
黄色いポスト
1970年代

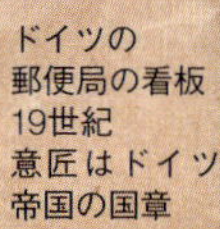

ドイツの
郵便局の看板
19世紀
意匠はドイツ
帝国の国章

外国の郵便

ドイツの郵便用
ホルン 19世紀

デンマークの郵便外務員
の制帽と制服 1970年代

1840年、イギリスで始まった近代郵便は、一気にヨーロッパ全体に広まっていきます。それは下地があったから。近代郵便が始まる前に、ヨーロッパではタキシス家が広く郵便路線を開設していました。その名残がポストの色に残っています。タキシス家の運搬車は黄色だったといわれ、現在でも多くの国が郵便のイメージカラーとして、黄色を採用しているのです。

ホルンもかつての郵便に由来します。その昔、ヨーロッパでは、書状を携えた騎馬の使者がホルンを吹いて、街道を通過しました。その伝統が受け継がれ、ホルンの音がすると郵便が来た！という知らせに。そのため、現在も各国の郵政マークとして、ホルンが広く採用されています。

ヨーロッパは王国が多く、郵便やポストのシンボルマークに王冠が付く国も数多いのです。

ドイツの郵便物
運送馬車（模型）
19世紀

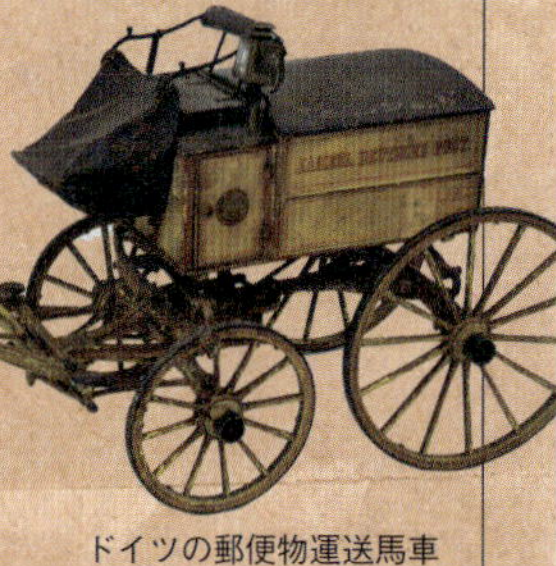

ドイツの郵便物運送馬車
（模型）19世紀

車両のサスペンション等、金属部分の歪み調整。

荷台の帯金具や扉の横木などを解体して修復。

側面。塗装の割れや木材の歪みも補修された。

一度取り外した帯金具を当初の銅鋲で固定。

帯金具の金属の歪みを丁寧に直していく。

後面。蝶番等を修繕し、後扉の開閉も可能に。

蝶番の遊離を直し、古色塗装で補彩を施す。

クリーニング後、扉等固定し横木も新補。

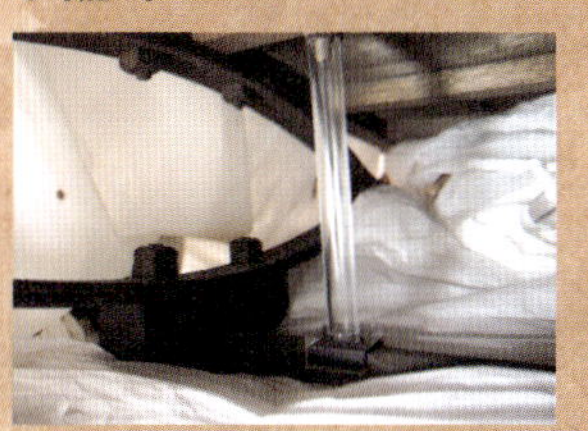
荷台補強は当初材と異なることを示すためアクリル製で。

鋲の黒染めを行い、当初の鋲に加えていく。

銅鋲の欠損は市販の銅釘をヤスリで整え黒染めへ。

収蔵品の修復

「人車」の修復

修復担当
株式会社 小西美術工藝社

郵政博物館の資料は、切手や原画、文書類、自動読取区分機やポストまで大小多岐にわたり、素材もさまざま。次世代に資料を残すべく、これまでに劣化の著しい資料の修復が随時行われてきました。

例に挙げると、当館貴重資料の「五街道分間延絵図並見取絵図」(ごかいどうぶんけんのぶえずならびにみとりえず)は長期間かけて裏打ち等が施され、展示や調査で活躍しています。劣化部分が癒着し、内容が判読できなかった「中世東大寺文書」は、修復後に天永元(一一一〇)年の土地売買の内容が判明するなど、新たな発見がありました。このように修復が内容解明にもつながるため、博物館にとって大切な作業の一つです。

ここで取り上げた「人車」は、時を経て劣化著しい状態でしたが、修復を経て新たな命を与えられ、今日、常設展示場で当時の雰囲気を伝える役割を果たしています。

メッセージシアター

MESSAGE THEATER

博物館のなかの映像博物館、それがメッセージシアターです。3面に配置された高さ2メートル×幅14メートル（7＋3.5＋3.5メートル）のスクリーンを使い、独特の世界観によって通信・郵便の今昔を表現した、大迫力の映像を投影します。

原始以来、人はどのようにメッセージを伝えてきたのでしょう？ 江戸時代、通信・交通の要地だった東海道の旅とは？ そして、昭和初期のモダニズムの名建築、東と西の中央郵便局を探訪。実物展示とはひと味異なる体感の世界へ、ようこそ！

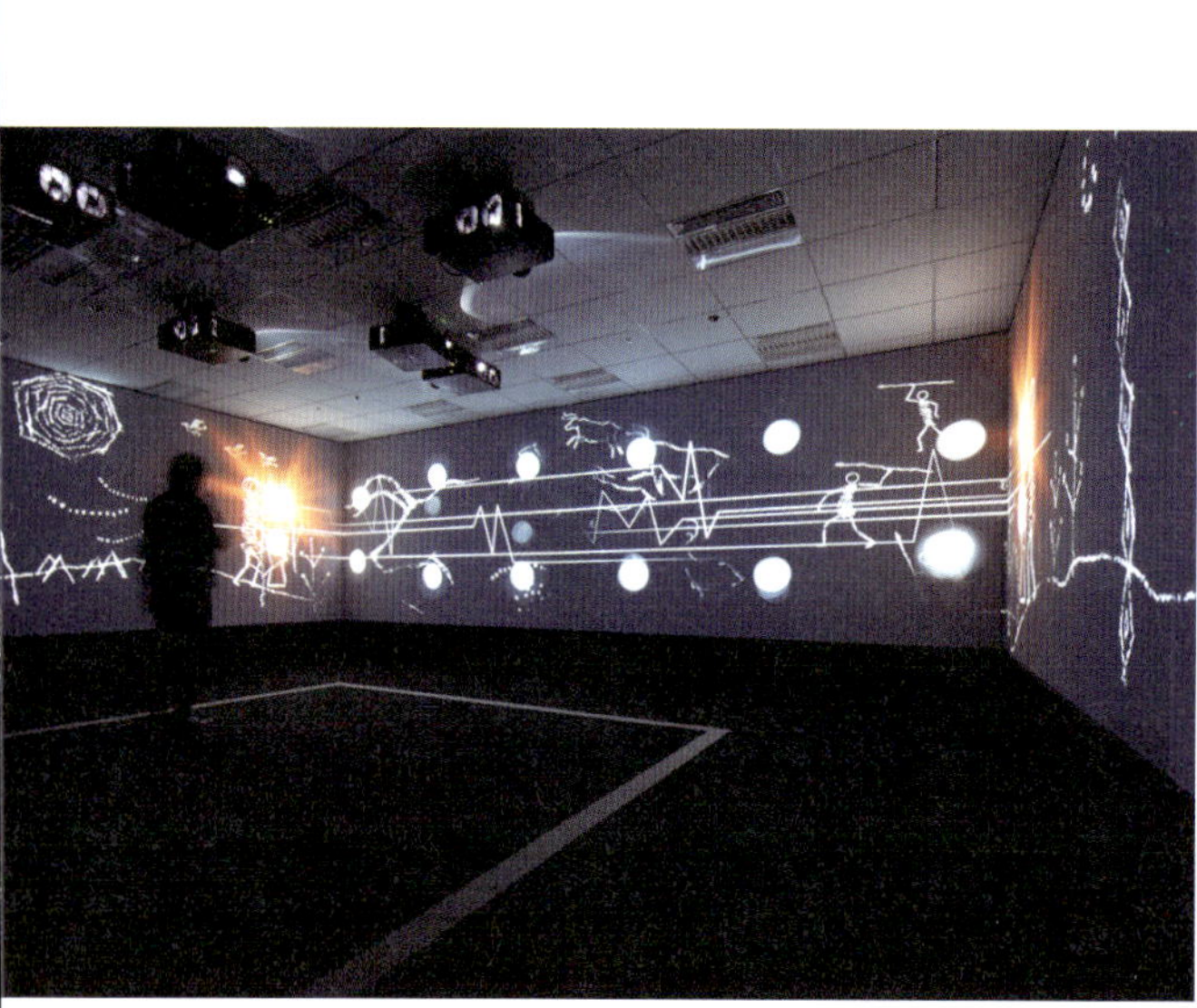

音、光、絵など様々な手法で始まった古代の通信をイメージ

＊メッセージシアターの上映作品は、時期により変更されます（不定期）

メッセージシアター画像提供：株式会社丹青社／株式会社イエローツーカンパニー

タイトル「宇宙（そら）の手紙　ツナグ想い」

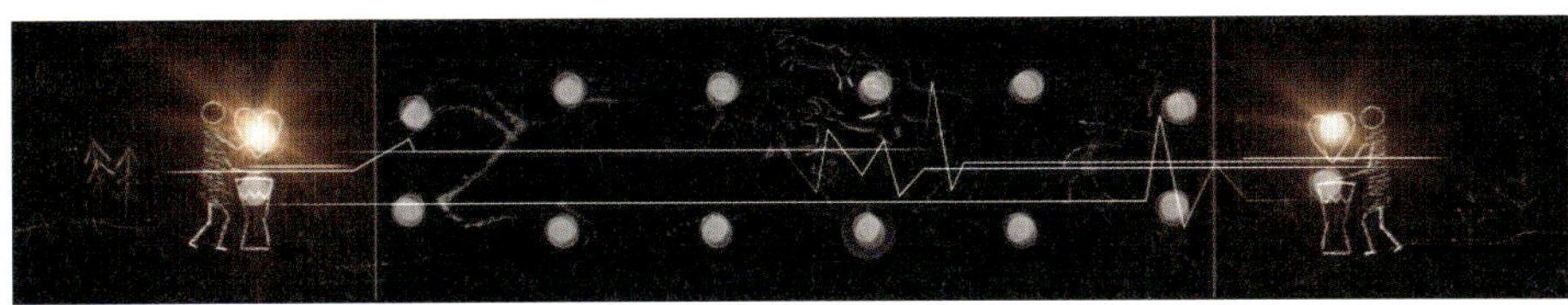
左右のスクリーンにヒトが登場。太鼓の音でお互いの想いを表現。

過去から現在までの通信手段が勢揃い。通信の進展を示す。

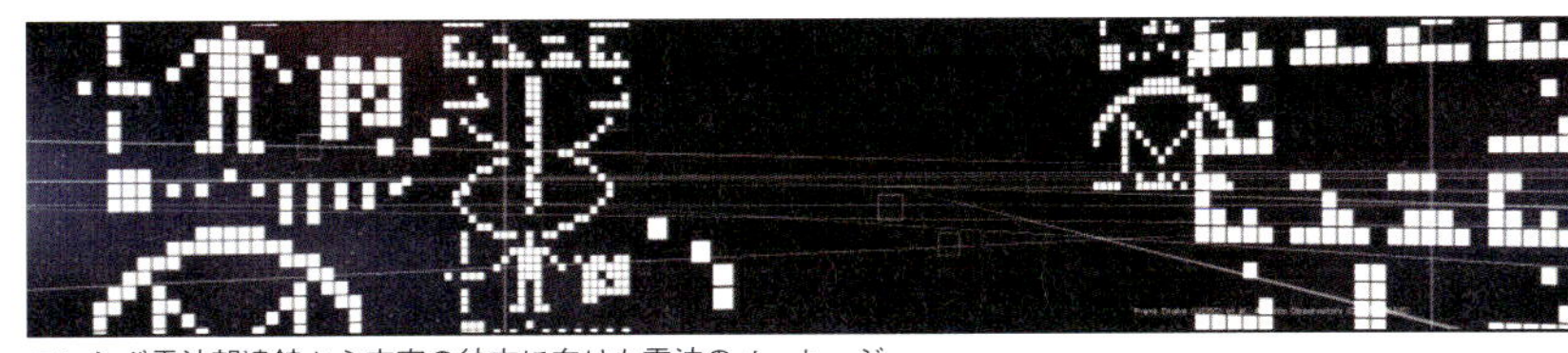
アレシボ電波望遠鏡から宇宙の彼方に向けた電波のメッセージ。

宇宙（そら）の手紙
―ツナグ想い―

「想い」を人に届けること。シアターの画面は、古代壁画のような線画の世界で始まります。まだ文字がなかった時代にも、人々はプリミティブな通信方法によって、想いを伝えていました。

そして、線画は楔形文字に変わり、やがて世界中にその土地固有の言葉が溢れだしていきます。言葉は集まり、手紙になり、騎馬が、船が、汽車が手紙を迅速に運送します。

さらに電信、電話の通信も生まれ、20世紀後半には電子メールが登場。点と線で結ばれたネットワークは地球を包み込み、通信速度を加速していき、宇宙空間にまで広がります。それは未来に向けた、まだ見ぬ人へのメッセージ…。

鉄蔵が興奮して房五郎に、「富くじが当たっちまったんだ！」。二人してお伊勢参りに！

タイトル「江戸旅物語　東海道、郵便のはじまりの道」

房五郎「まりこのとろろ汁は名物」。鉄蔵「かあぁぁぁ！ このとろろ汁うめえなぁ」。

急流の大井川に着いた房と鉄。房「人がようけ待っていて…」。鉄「なんでぃ！ 後回しか！ ええい！ 渡っちまえ！」。

江戸旅物語
―東海道、郵便の始まりの道―

鉄「たいへんだぁ〜！ 房！」
房「痛っ！ 何しはるんですか〜」
鉄「富くじが当たっちまったんだ！」
房「そら良かったな〜。神さんのおぼしめしどすなぁ。ちょうどわても実家から、たんまり銭入りましてん。感謝しにお伊勢さんにお参りに行きまひょ」
鉄「おう！」

本所付近に住んでいる鉄蔵と房五郎。富くじが当たって、伊勢参りの旅に。二人の珍道中を通じて、当館が所蔵する「東海道絵巻（写真資料）」と「東海道五十三次」をご紹介しましょう。東海道は歴史的に通信、交通の重要な街道。近代郵便も、この東海道から始まりました。

タイトル「逓信建築　東と西、２つの中央郵便局」

東京中央郵便局の機械化された広くて高い作業スペース。

郵便物は東京中央郵便局の１階と地下から、自動車や鉄道で各地に送られていく。

日本建築の構造に通じる大阪中央郵便局の柱と梁のライン。

逓信建築
—東と西、2つの中央郵便局—

昭和初期、モダニズム建築をリードした逓信技師・吉田鉄郎。その代表作が、東京中央郵便局と大阪中央郵便局です。品位のある公共建築であり、郵便局の機能がそのままデザインとして形になっています。

多くの人が訪れる一階の窓口。深い奥行きと高い天井が、ゆったりした印象を与えます。日本建築の構造に通じる「柱と梁」のライン、雨の多い日本の気候に有効な「庇」、十分な光や風を採り入れる「窓」…。

人々に速く確実に郵便を届けるため、入念に設計され、完成された逓信建築。その精神は時代を超え、いまも息づいています。3面シアター内で、当時の中央郵便局へと時間旅行に出掛けませんか？

メッセージシアター「宇宙(そら)の手紙 ーツナグ想いー」より。プリミティブな通信の世界を表現する、古代壁画のような線画の世界。

古代ギリシャ時代、スパルタで戦時に使われた秘密の手紙「スキタレス」。細長いパピルスを棒に巻きつけ、水平に文字を書き、棒から外して送る。受け取った側は、同じ太さの棒に巻きつけ、解読する。

手紙と郵便の歴史を辿る

ペルーやメキシコなどで、古代から19世紀終わり頃まで使われた結縄文字。ひもの縒り方や結び目のひとつひとつが固有の意味を持ち、手紙の代わりを務めた。

近世ヨーロッパで広く郵便事業を行ったタキシス家の使者(郵便配達人)。

中世ヨーロッパの僧院間で行われた伝令事業。

日本でも行われていた伝書鳩による鳩郵便。

19世紀にニューヨークで使われた気送管郵便。専用のパイプ管を通して、圧縮空気で郵便物を送った。

博物館のなかの映像博物館

当館所蔵の200万点に及ぶ資料のうち、常設展示を行っているのは約400点に過ぎません。そこで、博物館のなかに〝映像博物館〟を設け、映像によって普段は展示できない資料をご覧いただこう、というのがメッセージシアターの目的です。

ただし、自由自在な映像の世界ですから、堅苦しい資料紹介にはしないで、郵便に関する多くの物語を体感いただけるような構成を取っています。

たとえば、「宇宙(そら)の手紙―ツナグ想い―」は、古代から未来へと、営々と受け継がれていく〝手紙〟の歴史と文化を、三面の映像でドラマチックに展開し、体感していただこうというものです。博物館に足を運ばれた際には、ぜひメッセージシアターで映像体験を！

＊図版はいずれも"Das neue Buch von der Weltpost"(世界郵便の本), Amand Freiherr & Schmeiger=Lerchenfeld 1901年刊より

「郵便貯金」「簡易保険」ノ世界

日本近代郵便の父・前島密はロンドン出張時、郵便局が官営の貯金と保険を扱うことを知り、その由来を辿ります。イギリスでは、国民のための安定した貯金や保険は、強固な基盤を持ち、全国にネットワークのある郵便局を窓口にするのがふさわしいと、国会が決議していました。そこで、彼は日本の郵便局にも、貯金と保険の取り扱いを導入しようと構想しました。

日本での郵便貯金は、郵便創業まもない明治8（1875）年に始まり、また簡易保険はずっと後の大正5（1916）年、国民のための小口生命保険として設置されています。

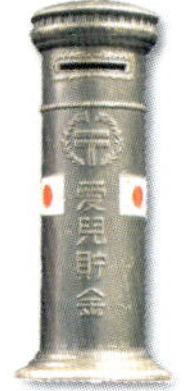

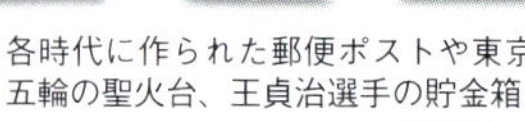
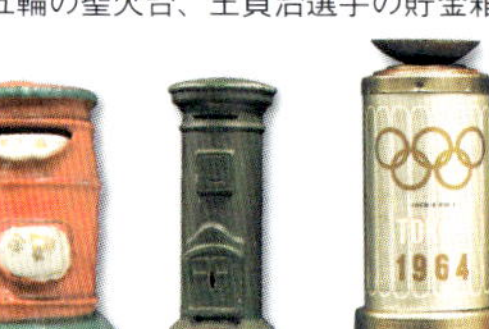

各時代に作られた郵便ポストや東京五輪の聖火台、王貞治選手の貯金箱

貯金局用として創案された斜め型の算盤。帳簿をつける時に便利だった

リスは郵便貯金のマスコット

越年のため、木の実をコツコツと蓄えるリス。昭和37（1962）年、郵便貯金のマスコットとしてリスが採用されました。愛称は全国から募集して、「ユウちゃん」に決定。平成19（2007）年の郵政民営化まで使われています。

昭和37年以来の、郵便貯金のマスコット「ユウちゃん」貯金箱。

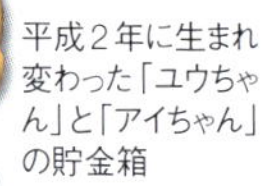

平成２年に生まれ変わった「ユウちゃん」と「アイちゃん」の貯金箱

ポスター　定額貯金　昭和初期

こども貯金
（ゾウ型貯金箱）
昭和23年以降

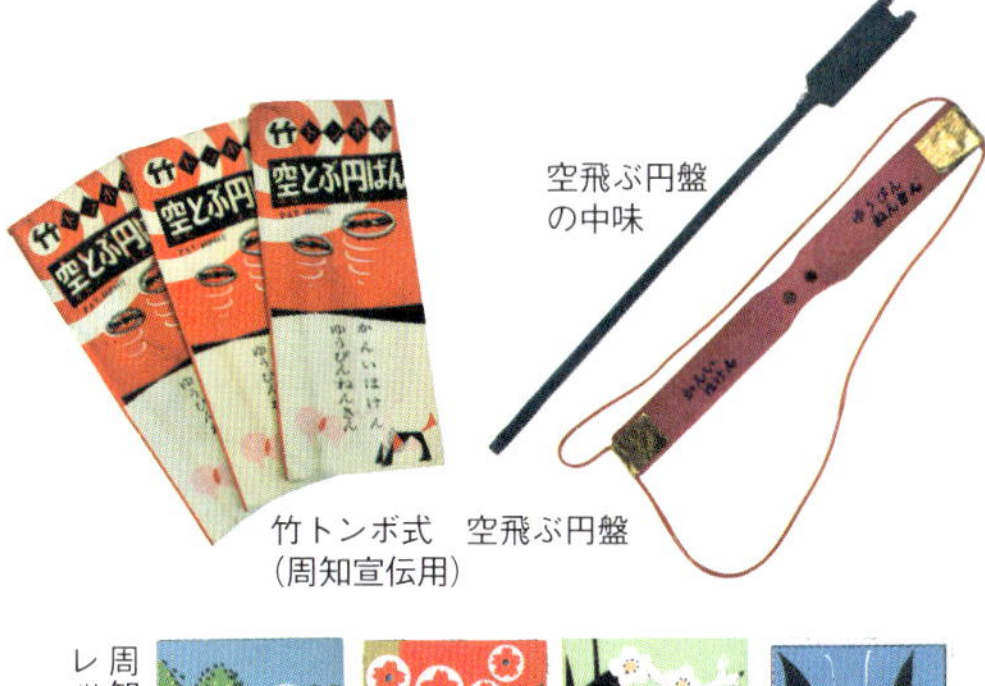

空飛ぶ円盤の中味

竹トンボ式　空飛ぶ円盤（周知宣伝用）

周知宣伝用のマッチレッテル各種

ポスター　簡易保険のはじまり（復刻）　大正7（1918）年

簡易保険はカンガルーのマスコット

簡易保険にもマスコットがいました。それが「カンちゃん」。子どもを暖かく育てるカンガルーからイメージされたものです。また、意外に知られていませんが、ラジオ体操は実は簡易保険から生まれました。詳しくは、第二章74ページでご紹介しています。

簡易保険のマスコット「カンちゃん」。雌雄とも同じ名前。郵政民営化まで使用された。

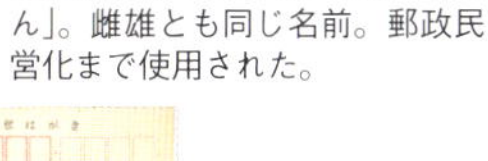

児童が自ら運営したこども郵便局

かつて小学校や中学校のなかに、「こども郵便局」が設けられていた。児童の正しい金銭感覚保持を目的とし、児童自身が自らの貯金通帳を持ち、担当の児童が現金係や元帳係になるなど、貯金業務が行われた。昭和23（1949）年、大阪市の小学校で児童がはじめた「貯金ごっこ」が始まりといわれ、平成19（2007）年まで続けられた。

こども郵便局を運営する児童たち

ゆうちょ・かんぽ アドベンチャー

「ゆうちょ・かんぽアドベンチャー」は、郵便貯金と簡易保険の大切さを、遊びながら学べるコンピューターゲーム。ルーレットで職業を決めてステージを進んでいくのですが、他のゲームと違うのは、郵貯や簡保に加入するかどうかで、その後の人生が大きく違ってくる点。思わぬトラブルを、貯金や保険で挽回し、幸せな老後を迎えましょう。

なお、カップルでこのゲームをすると、各自の価値観や堅実性が現れて、ぐっと盛り上がる場合もあれば、逆に微妙な空気になることもあるんだとか…。

スタート!

ルーレットで職業が決まる!

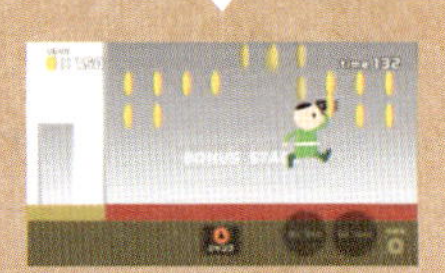
ボーナスステージでコインをゲット!

郵便局で、上手に貯めよう・備えよう

スリに会うこともあれば…

運命の出会いもある

無事に引退、お疲れ様

愛妻の待つ家へGOAL!

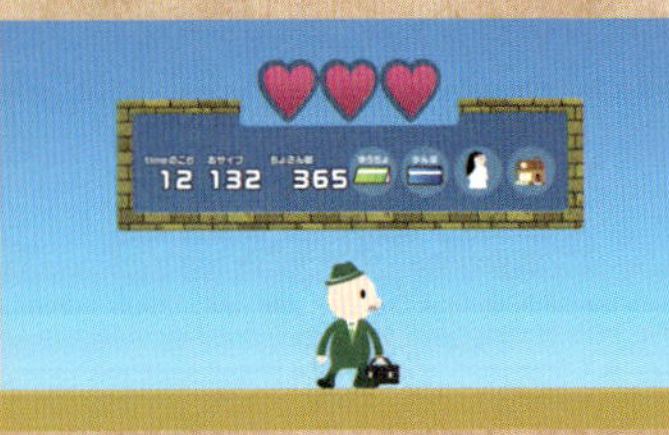
運命の結果発表!

人生の勝ち組!?

ゴール!

第二章

企画展示ゾーン&ラウンジコーナー

エレキテル(摩擦起電機)
平賀家伝来　安永5(1776)年
重要文化財

「文化」ノ世界

当館では、わが国の電気通信の黎明期に、礎となる役割を果たした重要文化財を保存し、期間限定で展示しています。

幕末に米国使節のペリー提督が招来したエンボッシング・モールス電信機、わが国初の電信事業に使われたブレゲ指字電信機、そして江戸中期に平賀源内が自ら作り上げたと伝えられているエレキテル(摩擦起電機)。

江戸から明治にかけての西洋文明受容の先駆的な姿を、「文化」ノ世界に展示されたこれらの文化財から、ぜひ感じ取っていただきたいと願っています。

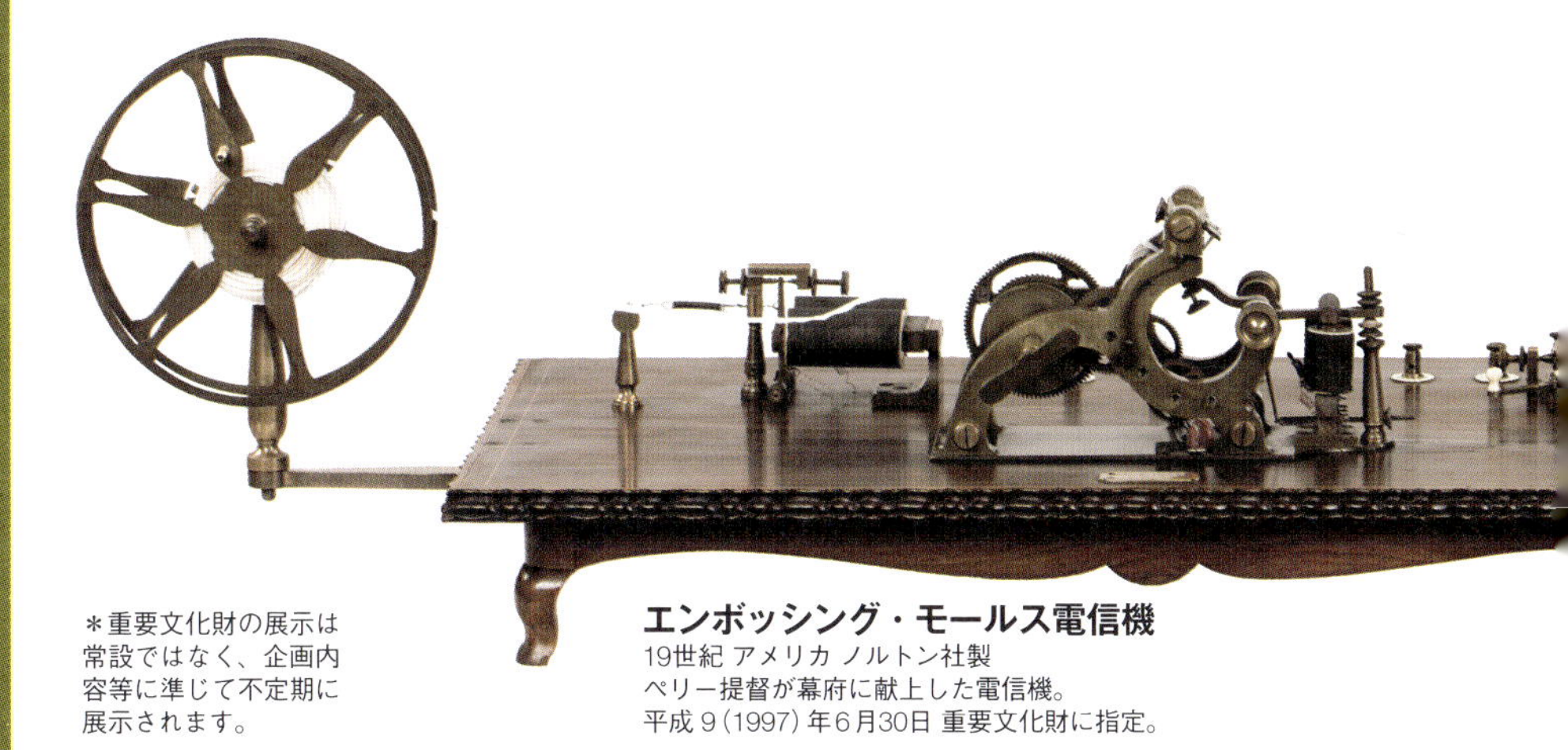

＊重要文化財の展示は常設ではなく、企画内容等に準じて不定期に展示されます。

エンボッシング・モールス電信機
19世紀 アメリカ ノルトン社製
ペリー提督が幕府に献上した電信機。
平成 9（1997）年6月30日 重要文化財に指定。

電信機実験用の柱と応接所。

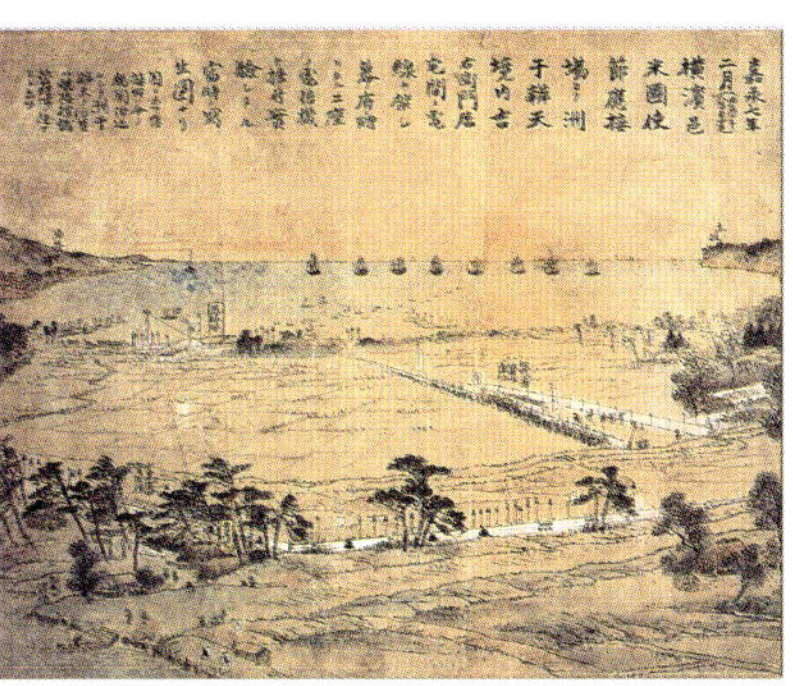

ペリー献上電信機実験（写生画）
嘉永7（1854）年　樋畑翁輔 画
横浜応接所と小倉、松代両藩による警護の様子を写したもの。左側にモールス電信機実験用に立てられた柱と応接所が見える。

ペリー提督電信機実験之図
年代・作者不明
横浜応接所で、通信実験を見守るペリー提督と幕府の役人を描く。

ペリーが献上した米国製の電信機

エンボッシング・モールス電信機は、わが国の電気通信の幕開けを告げる貴重な資料です。安政元（1854）年、日米和親条約に向けた二回目の来日時に、米国遣日使節のペリー提督が持参した、徳川幕府への献上品のひとつがこの電信機でした。

ペリーは、電線や電池などの必要な装置一切を持参し、横浜に9町（約1キロメートル）の電線を架け、この電信機を用いて通信実験を行っています。送信側の電信機上の電鍵でモールス符号を打つと、受信側の電信機の紙テープにエンボス*され、信号を送ることができました。

＊エンボスとは凹凸の加工をいい、ここではモールス信号が紙テープに凹凸の傷を着けることを指します。

ブレゲ指字電信機

19世紀 フランス ブレゲ社製送信機（左端）、受信機（右側2種）。平成14（2002）年6月26日 重要文化財に指定

ブレゲ指字電信機

明治2（1869）年、東京築地の運上所と横浜裁判所の間で、わが国初の電信事業が始まりました。この時、用いられたのがブレゲ指字電信機です。

この電信機は、送信機のレバーを回して、目的の文字を示すと、受信機の針がその文字を指す仕組みになっています。ただし、受信側は受信機の針から一時も目が離せないという難点があり、三年後にはモールス方式の電信機に取って替わられました。

和製ダヴィンチのエレキテル

江戸中期の万能人・平賀源内は二度目の長崎遊学時に、壊れたエレキテル（摩擦起電機）に興味を持ち、江戸に持ち帰ります。そして、約六年の歳月をかけて、安永5（1776）年に、自らエレキテルを数台作りあげました。エレキテルは大名屋敷などの見世物として、また病気治療などに使用されました。

エレキテル（摩擦起電機）

平賀家伝来
安永5（1776）年、平賀源内が製作したとされているエレキテル。
平成9（1997）年6月30日 重要文化財に指定

企画展示

当博物館の展示は、郵政業務に関する広汎な資料を紹介する常設展示と、郵政事業や通信に関するさまざまな文化の豊かなつながりを浮き彫りにする企画展示とに、大きく分かれています。

郵便や放送、電信電話といった通信は、生活に必要不可欠な手段としてだけでなく、多様な分野において文化の発展に影響を及ぼしてきました。

企画展示では、通信が育んできた文化や、異文化とのコラボレーションなどを知っていただくため、毎回新鮮なテーマを取り上げ、展示を行っています。

企画展示が発信する〝通信文化〟のメッセージ

文化は、日々の生活の中からも生まれます。人々の小さな発見や趣味、習慣が、のちに複数の人に広まり親しまれ、長い時と多くの人の手によって磨かれ洗練を極め、やがては芸術作品やその時代を象徴する文化へと開花します。

では、郵政や通信にかかわる文化と聞いて何を思い浮かべるでしょうか？ 年賀状や暑中見舞い、グリーティングカード、切手収集、絵手紙、絵封筒――日々の生活から生じた文化もあれば、まったく違う属性の文化・芸術が郵政と出会い、新しい文化を生みだすこともあります。

企画展示場では、当館の貴重な資料やその学術的な背景を紹介する展示のみならず、郵便をはじめ電信電話、放送など、私達の生活に寄り添う「通信」と、文化・慣習・芸術とのかかわりを多面的にとらえ、所蔵資料を超えた多様なテーマのもとに歴史、文化、芸術などを紹介する企画展示を積極的に展開しています。

「或る夜の夢」1922年
（『令女界』表紙原画）
蕗谷虹児記念館蔵

ふるさと切手新潟版
「花嫁」1997年発行

蕗谷虹児展の展示風景より

開館記念特別展ポスター

郵政博物館開館記念特別展

―少女たちの憧れ― 蕗谷虹児 展

会期 2014年3月1日（土）～5月25日（日）

「夜更けに聴く靴の音」１９３５年（詩画集『花嫁人形』原画）蕗谷虹児記念館蔵

「花嫁」（1968年）
蕗谷虹児記念館蔵

蕗谷虹児は、大正から昭和にかけて少女雑誌の挿絵や表紙絵などで活躍した人気挿絵画家である。彼が時代を超えて、いまでも多くのファンから愛されている存在であること、また彼の絵をモチーフとしたふるさと切手が人気を博していることから、郵政博物館のオープンに際しての目玉のひとつとして本展を開催した。

蕗谷虹児は21歳の時に竹久夢二の紹介で『少女画報』にデビュー。叙情的かつモダンで洗練された作風は当時の少女たちを魅了し、またたく間に人気作家となった。童謡「花嫁人形」の詩人としても知られ、晩年に発表の作品「花嫁」がふるさと切手として発行されるなど、いまなお親しまれている。

本展では、人気を博したふるさと切手「花嫁」の原画をはじめ、蕗谷虹児の珠玉の作品や資料、およそ200点を前期・後期に分けて展示公開した。展示では、彼の多彩な活動を①少女雑誌の作品、②本格的な画家を目指したパリ留学時代の作品、③詩画集や戦時中の作品、④絵本・童話原画や集大成といえる晩年作品 の4つのテーマに分けて紹介した。

なお、本展は蕗谷虹児のふるさとである新潟県新発田市と日本郵便株式会社に後援をいただいた。

企画展ポスター

企画展

次世代にツナグ、ツタエル、ラジオ体操

会期 2014年6月7日（土）～7月6日（日）

ラジオ体操創設時のポスター　昭和3（1928）年

まぼろしの「ラジオ体操・第三」のレコード　昭和21(1946)年4月から放送開始、昭和22(1947)年8月に放送中止。

竹内栖鳳「金魚」大正5年（簡易保険・事業功労者贈呈用の扇子）

大正5（1916）年10月2日、逓信省は国民の経済生活の安定を図り、その福祉を推進することを第一の目的として、簡易生命保険事業を開始した。

そして、国民的体操として定着しているラジオ体操（国民健康保健体操）は、昭和3（1928）年9月に、逓信省簡易保険局が国民の健康維持を目的とし、誰でもできる軽快な体操として制定したものである。同年11月にはラジオ体操を開始、翌年2月に全国放送となり、日本の文化のひとつとなった。

本展では、昭和初期の「国民保健体操ポスター」や「体操図解」「国民保健体操伴奏楽譜」等のラジオ体操周知物品を展示紹介し、ラジオ体操の歴史と魅力を伝えた。また期間中、昭和21（1946）年4月から1年余放送された幻のラジオ体操第三も再現された。

さらに、簡易生命保険創業後まもなく、事業功労者への贈呈用として、竹内栖鳳や横山大観ほか、数々の著名な日本画家たちが描いた扇子を特別展示した。

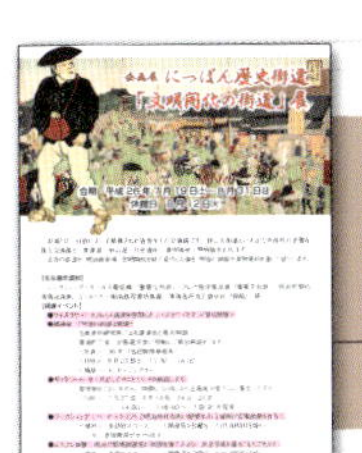
企画展チラシ

企画展

にっぽん歴史街道 文明開化の街道展

会期 2014年7月19日(土)～8月31日(日)

「浅草並木人力車の賑ひ」昇斎一景　明治4(1871)年

「當世隊長 せよつくし」
歌川房種　明治13(1880)年

弁利の隊長(郵便)の部分。

「境木の立場 程か谷
戸塚迄二り九丁」
三代広重　明治8(1875)年

街道とは、行政によって整備された近世までの交通路をいう。とくに五街道といえば、江戸時代の主要な陸上交通路であり、東海道・中山道・日光道中・奥州道中・甲州道中を指す。本展では、近世の街道が明治維新後、文明開化を経て大きく変化した姿を、以下の５つの展示構成で、明治期のさまざまな錦絵や実物資料を通して紹介した。

①文明開化～ペリーのもたらしたもの～：開国を迫るペリーが江戸幕府に献上した品々。②電気の道：街道沿いに電柱が建てられ、電線を通して電気通信が行われた様子。③街道を走る手紙：郵便の開始とともに、街道にできた郵便ポストや郵便役所。④明治の街並み：色鮮やかな錦絵に描かれた明治初期の風景や名勝。⑤浅草のにぎわい～日光道中の通り道～：日本橋から出発して、日光道中への通り道だった浅草のにぎわい。

【共催】
埼玉県立歴史と民俗の博物館　物流博物館　草津市立草津宿街道交流館　埼玉県立浦和図書館　埼玉県立文書館

企画展ポスター

企画展

逓信〜郵政建築展 ―吉田鉄郎の作品に見る その源流と発展―

会期 2014年8月13日（土）〜12月14日（日）

大坂中央郵便局東立面図

大阪中央郵便局外観

逓信ビル外観

明治4（1871）年のわが国における近代郵便制度発足後、郵便局等の建物が数多く設計され、建築されてきた。逓信省・郵政省で設計に携わった職員（技師）からは、近現代の建築史に名を連ねる人物を多く輩出している。

本展では、逓信〜郵政建築の軌跡を概観するとともに、とくに吉田鉄郎（1894〜1956年）の作品にスポットを当て、当館が所蔵する大阪中央郵便局の設計原図をはじめ、彼が設計した建築や著作に関わる資料の展示を行った。

また、併せて吉田の後に逓信建築を受け継ぎ、戦後の郵政建築へと発展させたひとりである小坂秀雄（1912〜2000年）の代表作・逓信ビル（当館前身の逓信総合博物館はその一部）を中心にして、現在JPタワー・KITTEに生まれ変わった東京中央郵便局や東京逓信病院など、戦後の優れた郵政建築を紹介した。

企画展ポスター

企画展 Etegami -Imperfection is good

小池邦夫絵手紙展—軌跡と未来—

会期 2014年12月20日（土）～2015年3月29日（日）

小池氏愛用の筆や墨の展示

絵手紙作品より

若き日の絵手紙制作光景

小池邦夫絵手紙展会場

小池邦夫は、手紙書きとしての創作活動を始めての55周年を、2015年に迎える。「手紙」の力に魅了され、文字と絵を素朴に組み合わせたスタイルの絵手紙を確立し、絵手紙文化へと進化させた。

本展は200点を超える作品を通して、小池邦夫の世界を紹介するとともに、テーマ別展示コーナーでは３期に分けて、各テーマを展示。第１期は「年賀」を中心とした展示。第２期は富士山を描くことに挑戦した最新のシリーズ「富嶽百景」から、全国に先駆けて約80作品を紹介。第３期は若者たちとの交流や外国への普及活動など、絵手紙を体験した人々の反応と作品も添えて展示している。

また、会期を通しての本展の基本展示では、手紙という表現方法を始めた1960（昭和35）年からの、人生のターニングポイントとなった手紙や、縁のある人々への手紙を紹介した。

レッツエンジョイ ラジオ☆体操

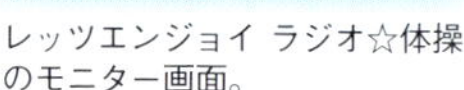

レッツエンジョイ ラジオ☆体操のモニター画面。

正確な動きをすると、光のエフェクトが現れる！

この上でラジオ☆体操！

「レッツエンジョイ ラジオ☆体操」は、Ｋｉｎｅｃｔセンサーを用いて、ラジオ体操を楽しみながら学ぶゲームです。模範体操の映像と音声が流れるモニターに自分の姿が映し出され、正確な動きを行うと、星形のスタンプや丸型の光などのエフェクトが現れて、ラジオ体操がどんどん上達していきます。さあ、あなたも、イチ・ニ・サン・シ！

絵はがきクリエーターで作ったオリジナルなはがき。背景は6パターンから好きな絵が選べる。

絵はがきクリエーター

オリジナルの絵はがきを作成する、世界で唯一のタッチパネル式プリントマシンです。郵便に関連する絵のなかに、自分の顔写真を挿入したり、スタンプや文字をデコレートして、オリジナルなはがきが作ってみましょう。また、6種類のBGMから好きな音楽を選び、QRコードに変換し、はがきに添付することもできます。読むだけでない、新しいスタイルのはがきを楽しんでみてください。

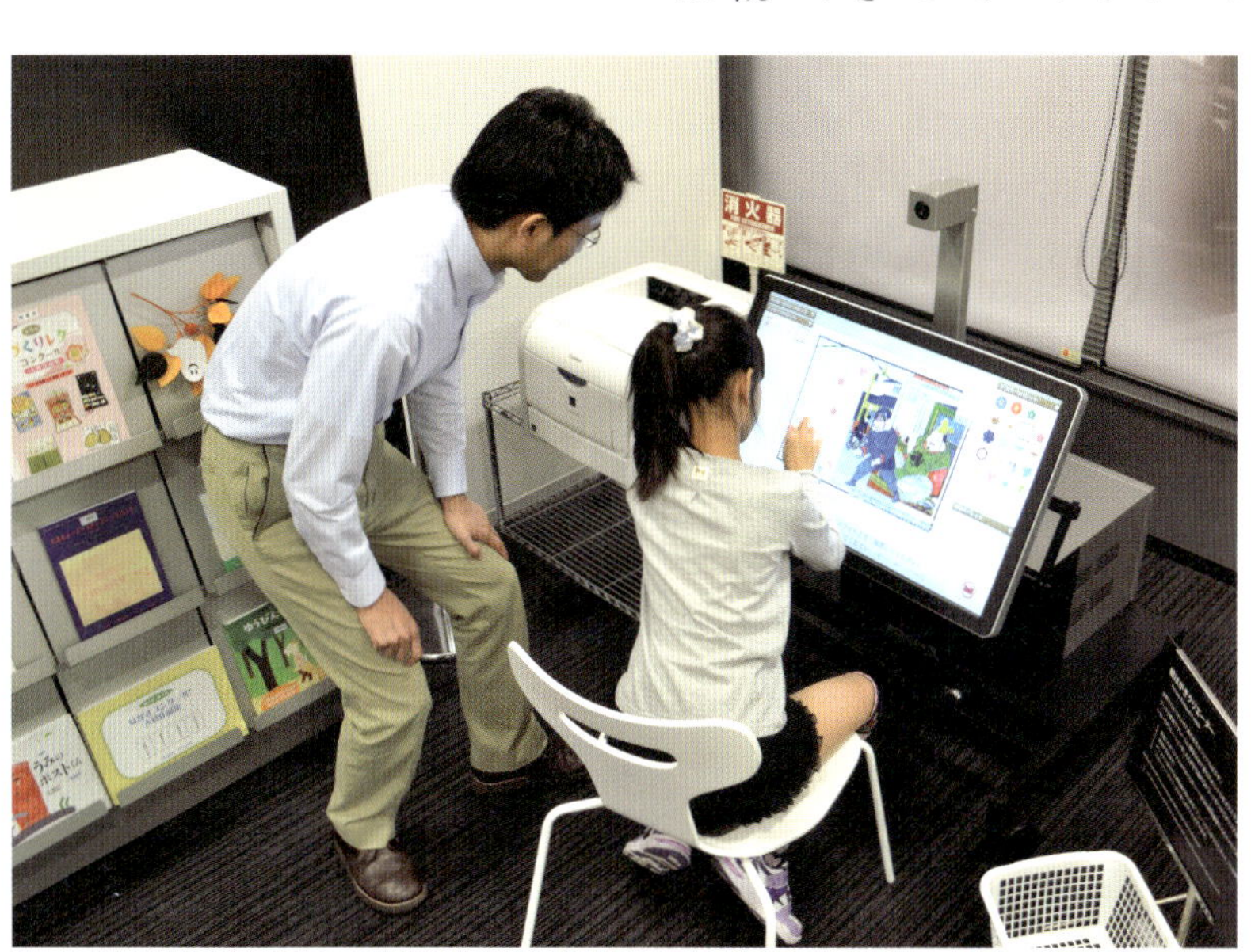

おもしろい形のオリジナル絵はがき。

郵政の貯蓄奨励のポスターやうちわ絵を図案にした、レトロデザインのオリジナル絵はがき。

「郵便取扱の図」と「郵便現業絵巻」の絵はがき。

ミュージアムショップ

絵葉書、一筆箋などの郵政博物館オリジナルグッズや、切手収集の関連商品を販売しています。絵葉書には16ページで紹介の「郵便取扱の図」や「郵便現業絵巻」の抜粋もあります。このほか、企画展の関連グッズや記念切手、ミニチュアのポスト、3万枚を超えるファーストデイカバー（切手発行日の記念品）など、楽しさ満載！

ミュージアムゆうびんきょく

東京ソラマチ®（イーストヤード）に開設された向島郵便局の臨時出張所です。東京スカイツリー®を模したタワー型ポスト（愛称ポスツリー）から投函すると、東京スカイツリーの印影が入った向島郵便局の風景入通信日付印を押して、宛先に届けられます。また、イベント開催時などに新たに使用される楽しい小型記念日付印は、とても人気があります。

東京スカイツリーを模したタワー型ポスト。愛称はポスツリー。

ポスツリーに投函すると、向島郵便局の風景入通信日付印を押して、宛先に届けられてくれる。

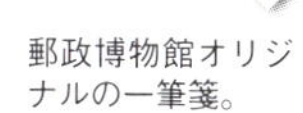

郵政博物館オリジナルの一筆箋。

広重「東海道五十三次」の絵はがきスタンド。

＊商品によっては、販売終了、または限定期間販売のものもあります。

選りどり見どりの未使用日本切手。１枚30円。

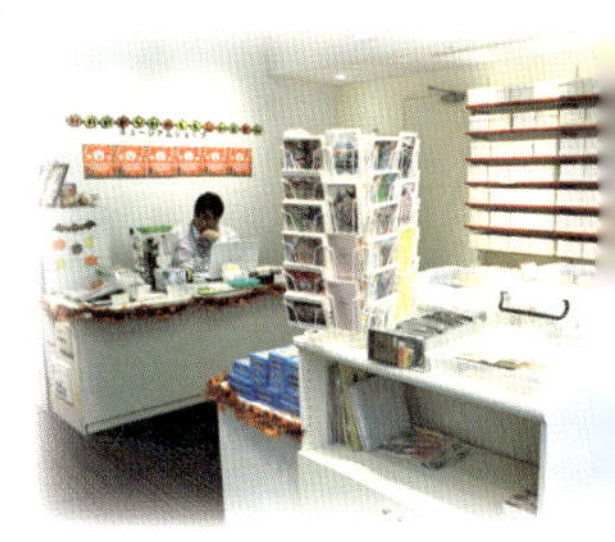

ミュージアムショップの店内光景。

年賀切手の図案になった郷土玩具から、シール、ポスト型貯金箱まで、豊富な品揃え。

講演会&ワークショップの記録

蕗谷龍夫氏のミニ講演会

「ー少女たちの憧れー 蕗谷虹児展」ミニ講演会
開催日：2014年４月12日（土）／５月３日（祝・土）
講　師：蕗谷龍夫氏／内　容：蕗谷虹児の三男、カメラマン、蕗谷虹児記念館（新発田市）元館長の蕗谷龍夫氏が語る展覧会の見どころ。

「ラジオ体操に第三があった!
～幻のラジオ体操第三秘話の講演と伝授～」
開催日：2014年6月15日（日）
ゲスト:上貞良江氏 ／内　容：幻の「ラジオ体操第三」の当時の演技者、上貞良江さんが経緯を語る。さらにラジオ体操模範演技者、天井澤愛里沙先生が伝授された幻のラジオ体操を披露。

「まめっちとラジオ体操！～楽しく体操できるかな？～」

「まめっちとラジオ体操!～楽しく体操できるかな?～」
開催日：2014年６月29日（日）／７月６日（日）
内　容：天井澤愛里沙先生、まめっちと一緒に、参加者全員でラジオ体操を楽しむイベント。
「まめっちと来館記念撮影会~来館ありがとう!の気持ちをカタチに~」
開催日：2014年６月29日（日）／７月６日（日）
内　容：まめっちとのハイタッチ及び撮影会のイベント。

講演会「明治の街道と郵便」
開催日：2014年８月23日（土）
内　容：当館主席資料研究員による講演会と展示解説。

ペーパークラフト教室&コスプレ体験
開催日：2014年７月19日～８月２日／８月４日～31日
内　容：明治時代の赤い郵便ポストと壁掛け式電話機のペーパークラフトと、明治の郵便配達員の制服コスプレ体験。

ペーパークラフト教室より、明治時代の赤い郵便ポストの、ペーパークラフト完成図と展開図。

ワークショップ「消しゴムはんこで暑中見舞いをつくろう」
開催日：2014年７月26日（土）／講　師：青雀堂ポリ先生
開催日：2014年８月９日（土）／講　師：くじら猫屋かず先生
内　容：「てづくりレターコンクール入賞作品展」の関連イベントで、小学3年生～大人を対象にした消しゴムはんこ教室。

「逓信～郵政建築展―吉田鉄郎の作品に見るその源流と発展―」講演会
タイトル「日本の近代建築を支えた逓信・郵政建築」
開催日：2014年11月３日（月・祝）
講　師：観音克平氏

講演会「日本の近代建築支えた逓信・郵政建築」

Happy Halloween! in Postal Museum
開催日：2014年10月１日（水）～10月31日(金)
内　容：ハロウィン風の飾り付けの、郵政博物館風のハロウィンイベント。ハロウィン小型記念日付印の押印サービスも。

はくぶつかんDEめりくり☆あけおめ！ワークショップ
開催日：ねんどDEクリスマス 2014年12月14日（日）
　　　　ねんどDEおせち！ 2014年12月28日（日）
内　容：ねんドル岡田ひとみさんと一緒に、ねんどでブーツとブッシュドノエルやおせち料理を作るイベント。

「小池邦夫絵手紙展」絵手紙ワークショップ
開催日：2014年12月27日（土）／2015年１月４日（日）・２月22日（日）
講　師：日本絵手紙協会公認講師

Joyeuse Saint Valentin!―博物館で恋するヴァレンタイン―
開催日：2015年１月20日（火）～２月15日（日）
内　容：当館所蔵の海外のヴァレンタインのポーストカードを展示。ねんドル岡田ひとみさんとミニチュアのチョコレートをねんどで作る教室、活版でヴァレンタインカードを印刷する体験イベントも。

ねんどDEおせち！

ヴァレンタインの
ポストカード

第三章

郵政博物館の歴史

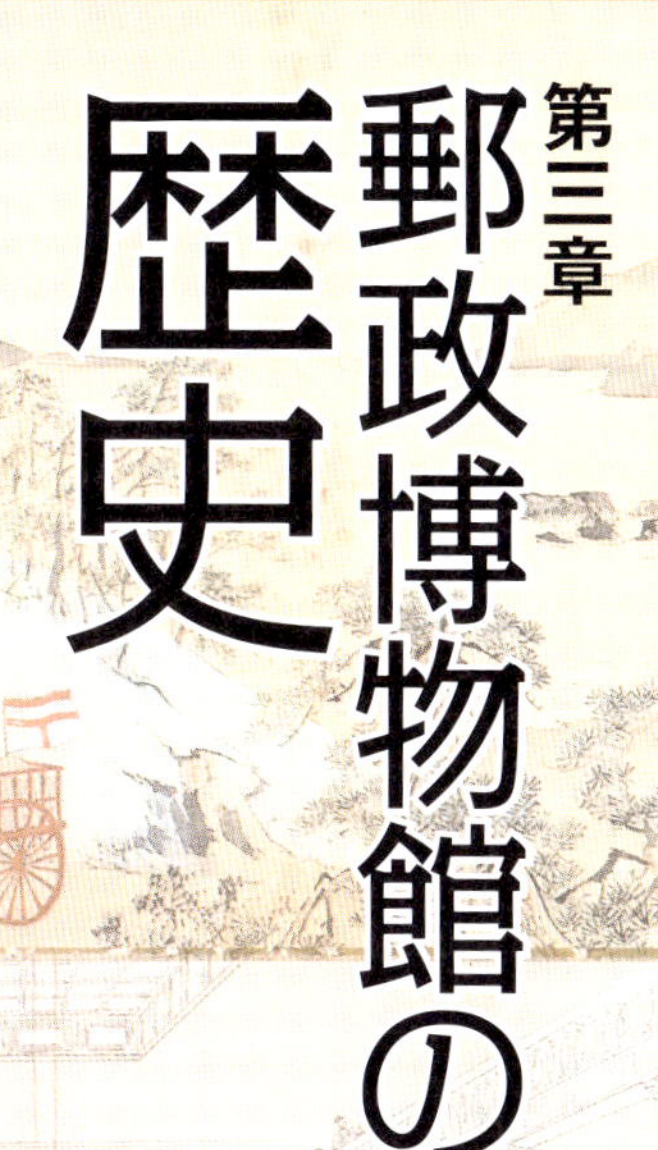

大正11年、千代田区富士見町（飯田橋）に移転した逓信博物館の全景。

通信の殿堂として貴重な資料を守り、次世代に引き継ぐ

郵政博物館は、今年で１１３年目を迎えます。「郵便博物館」に始まり、「逓信博物館」「逓信総合博物館」「郵政博物館」と時代とともに名称を変え、数度の移転を経ながら活動の幅を広げ、日本唯一の通信の殿堂としての機能と理念が今も受け継がれています。

さて、その始まりはどのようなものだったのでしょうか？　その歴史を紐解いてみましょう。

当館の元となったのは、明治32（１８９９）年に逓信省庁舎（現・中央区銀座8丁目）の一角にできた「参考品室」。切手や事業に関する用品研究の参考品が保管され、万国郵便連合からの外国切手のほか電信・電話、交通関連の資料などが徐々に集まり、当館の収蔵品の基礎が形づくられました。これらを引き継ぎ、現在では２００万点余の資料が収蔵されています。

「郵便博物館」の時代

明治35（１９０２）年6月20日、「万国郵便連合加盟25周年」を記念した祝典行事の一環として、「郵便博物館」の名称が与えられ、この時開催した同記念展覧会で、初めて収蔵品が一般公開されました。

逓信省庁舎内に明治35年、郵便博物館が誕生。

明治38年、逓信官吏練習所構内に移転した郵便博物館。

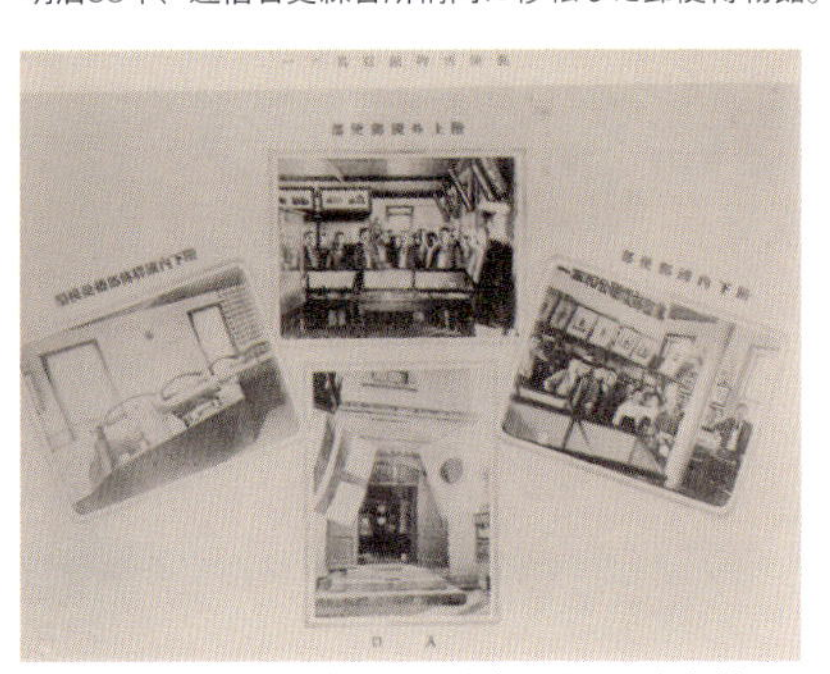
万国郵便連合加盟25年記念展覧会を示す写真資料。

明治43年竣工の逓信省新庁舎。左手が逓信博物館。

逓信博物館玄関の額。

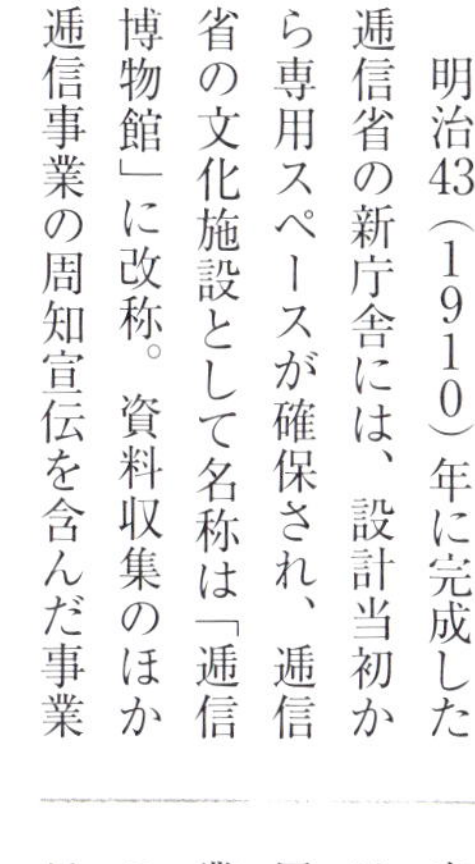
大正11年、千代田区富士見町に移転の逓信博物館。

逓信博物館、船舶の展示室。

複合型博物館である逓信総合博物館（昭和39年～平成25年）。

郵便博物館時代は、庁舎内の空室を利用した暫定的な施設だったためすぐに手狭になり、明治38（1905）年には逓信官吏練習所（港区芝公園）構内に移転しています。

「逓信博物館」の時代

明治43（1910）年に完成した逓信省の新庁舎には、設計当初から専用スペースが確保され、逓信省の文化施設として名称は「逓信博物館」に改称。資料収集のほか逓信事業の周知宣伝を含んだ事業広報を担う機関としての活動も本格化していきました。

そんな中、第1次世界大戦後に業務拡大を続ける逓信省の本庁舎が手狭になったことを受け、当館は大正11（1922）年に元病院だった木造洋館（現・千代田区富士見町）に移転しました。面積は3倍に広がり、切手展などの展覧会や団体見学などの教育事業にも積極的に取組み、昭和39（1964）年までの長きにわたり日本の郵便趣味の聖地として愛されました。今もかつての切手少年、少女たちから「飯田橋の逓博（ていはく）と親しまれています。

「逓信総合博物館」の時代

昭和39（1964）年のオリンピック東京大会の開催に併せ、最新鋭の情報通信の殿堂として「逓信総合博物館」（千代田区大手町）が誕生しました。堂々たる大型ビルの博物館で、前博物館が資料展示を主とした「静」とすると、新博物館は音声ガイドや押しボタン式の展示を加えた「動」の施設。

逓信総合博物館、世界の切手ギャラリー。

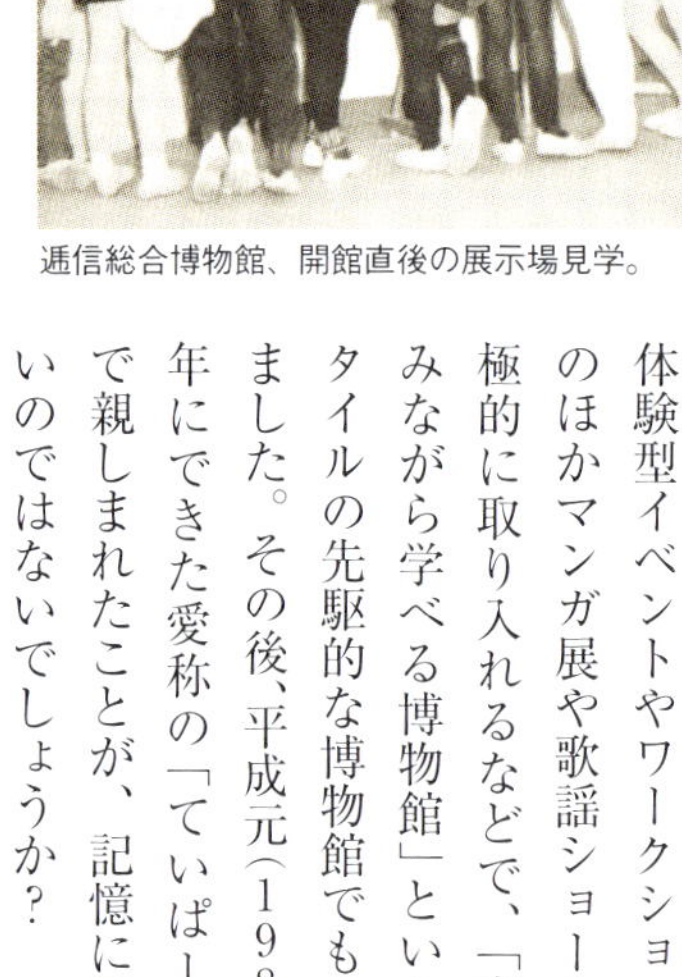

逓信総合博物館、開館直後の展示場見学。

当時珍しかった最新のアミューズメント空間としても人気を博し、体験型イベントやワークショップのほかマンガ展や歌謡ショーを積極的に取り入れるなどで、「楽しみながら学べる博物館」というスタイルの先駆的な博物館でもありました。その後、平成元（1989）年にできた愛称の「ていぱーく」で親しまれたことが、記憶に新しいのではないでしょうか？

長く愛された「ていぱーく」でしたが、大手町地区の再開発計画に伴い博物館の移転が決定。平成25（2013）年8月31日、閉館を惜しむ約5700名が見守る中でフィナーレを迎え、その灯を消しました。そして翌年3月1日、現在地に「郵政博物館」を開館。収蔵、研究施設として「郵政博物館資料センター」を新設し、この二つを両輪として運営しています。

当館は明治から大正、昭和、平成と長きにわたり、時々の資料を収集・公開しながら各時代を見つめてきました。通信の殿堂として百年以上前から受け継ぐ貴重な資料を守り、次世代に引き継ぐ役割をこれからも果たして行きたいと考えています。

展覧会のチケット。上：逓信総合博物館竣工記念 世界切手展（1965年）。中：日本海ケーブル展（1969年）。下：NHK特別放送展 ひょうたん島で遊びましょう（1968年）。

郵政博物館刊行の研究紀要。

郵政博物館のエントランス。

第四章 郵政博物館の収蔵品

土田麦遷「あやめ」
大正15（1926）年
簡易保険・事業功労者贈呈用の扇子。

郵便着物　戦前
丹那トンネルとつばめ号、切手と郵便飛行機をあしらった着物。熱海の芸者、若likeはなさんが昭和9（1934）年から17年間愛用した。

宮本三郎「看護婦」
昭和27(1952)年発行
「日本赤十字社創立75年記念」

棟方志功「観聞頌」
昭和50(1975)年発行
「放送50年記念」

藤田嗣治「迎日」
昭和21(1946)年発行
日本国憲法公布記念絵はがき

森田曠平「献寿」
昭和57(1987)年発行
昭和58年用絵入り
年賀はがき

清水 崑「童女カッパ」
昭和29(1954)年発行
昭和29年用暑中見舞
はがき

「郵政」誌表紙原画
小磯良平「郵便外務員を描く」

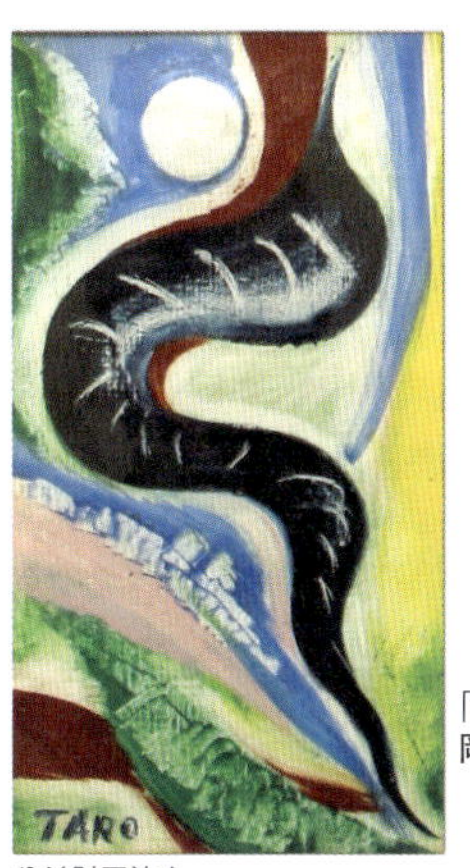

「郵政」誌表紙原画
岡本太郎「無題」

公益財団法人
岡本太郎記念現代芸術振興財団

安野光雅
「夏の思い出」
昭和55(1980)年
発行
「日本の歌シリーズ」

切手・はがきほか、郵政のために一流の画家たちが描いた貴重な原画

日本の郵便を彩ってきた切手とはがき。それらにはすべて原画があり、当館では約2800点の原画(下図も含む)を所蔵しています。

原画は郵政所属の切手デザイナーによるもののほか、一流の画家たちに委嘱した作品も数多く、切手では、版画家・棟方志功による「放送50年記念」や洋画家・宮本三郎の「日本赤十字社創立75年記念」ほか、味わい深い数々の作品が揃っています。また、はがきでは、絵柄面に画家たちが腕を振るい、「日本国憲法公布記念絵はがき」の藤田嗣治による「迎日」など、貴重な作品が多く残されました。

その他、部内誌「郵政」の表紙は、多彩な画家が作品を寄せ、簡易保険・事業功労者贈呈用の扇子(74ﾍﾟｰｼﾞでも紹介)の原画は、東山魁夷ほかの巨匠が携わりました。

簡易保険・事業功労者贈呈用の扇子

木村荘八「つばき」

東山魁夷「青富士」

榊原紫峰「楓に鳩」

「横浜郵便局開業之図」

郵便錦絵より、「郵便」部分を拡大。

近世・近代の錦絵等に描かれた郵便と時代に関する広汎な資料

立版古「新版　ゆうびんいれ」
はさみでパーツに切り離し、組み立てると俵谷式ポストになる。

北斎「富士百撰　暁ノ不二」

「郵便電信雙六」より、取戻。
客「返金しないので、手ひどい手紙を投函したが、その後で為替が届いた。あの手紙が先方に行くと困るのだが…」
郵便外務員「このポストの集配郵便局に行ってください。差立の前なら５銭、後であれば８銭払えば、取り戻せます」

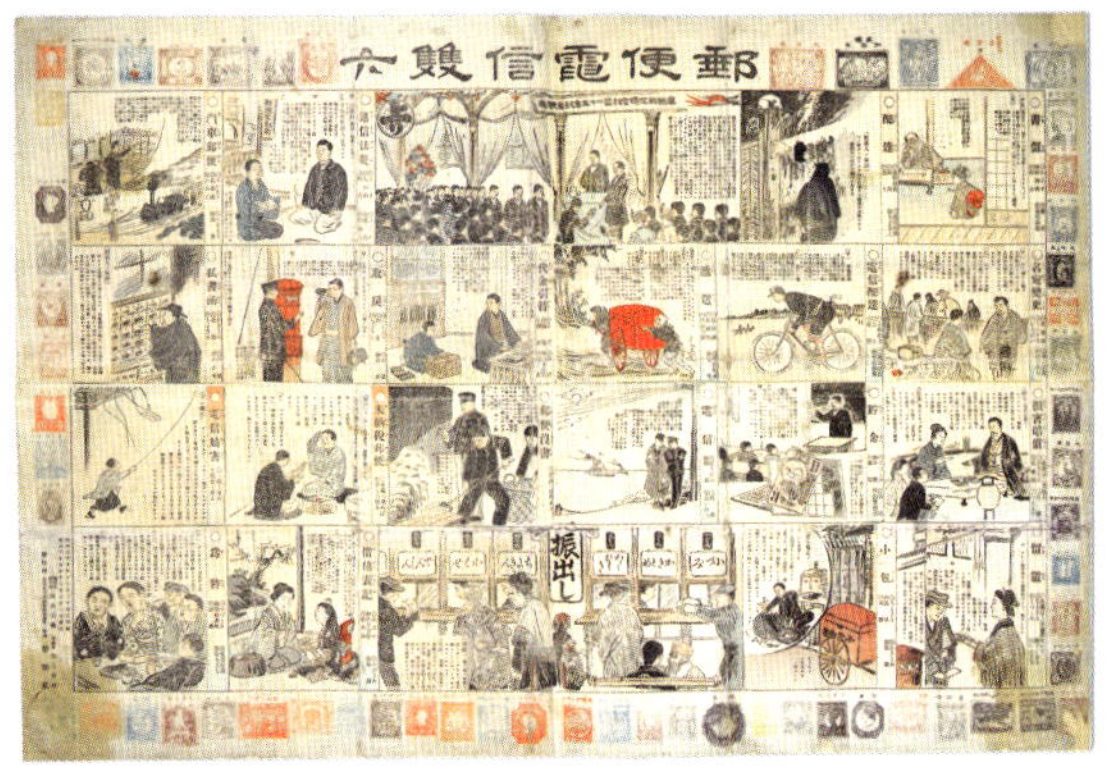

「郵便電信雙六」

江戸時代と明治時代の通信と交通をテーマとする錦絵も、当館ならではの所蔵品といえるでしょう。

とくに明治期の錦絵には、郵便をテーマにした通称「郵便錦絵」があります。明治維新により、新政府は近代国家設立に向けたさまざまな改革を施し、そのめまぐるしい変化の姿に注目した錦絵師たちは、こぞって文明開化の様相を描きました。

そのなかには、郵便局、郵便配達、郵便ポストなどが数多く描かれ、郵便局開局の様子や、配達に走る外務員、騎馬による集配、馬車による郵便輸送、郵便ポストやその戯画等々、当時の郵便風俗を目にすることができます。郵便の姿は、遊技用の双六にもしばしば描かれました。

また、明治維新によって、江戸が東京に変わり、時代とともに次々に移りゆく街の様子を描いた資料、「東京名所画譜」「東京名勝図絵」等も所蔵しています。

浅草公園凌雲閣（東京名所画譜）

歌舞伎座真景（東京名勝図絵）

帝国劇場ト東京會舘（東京名所絵はがき）

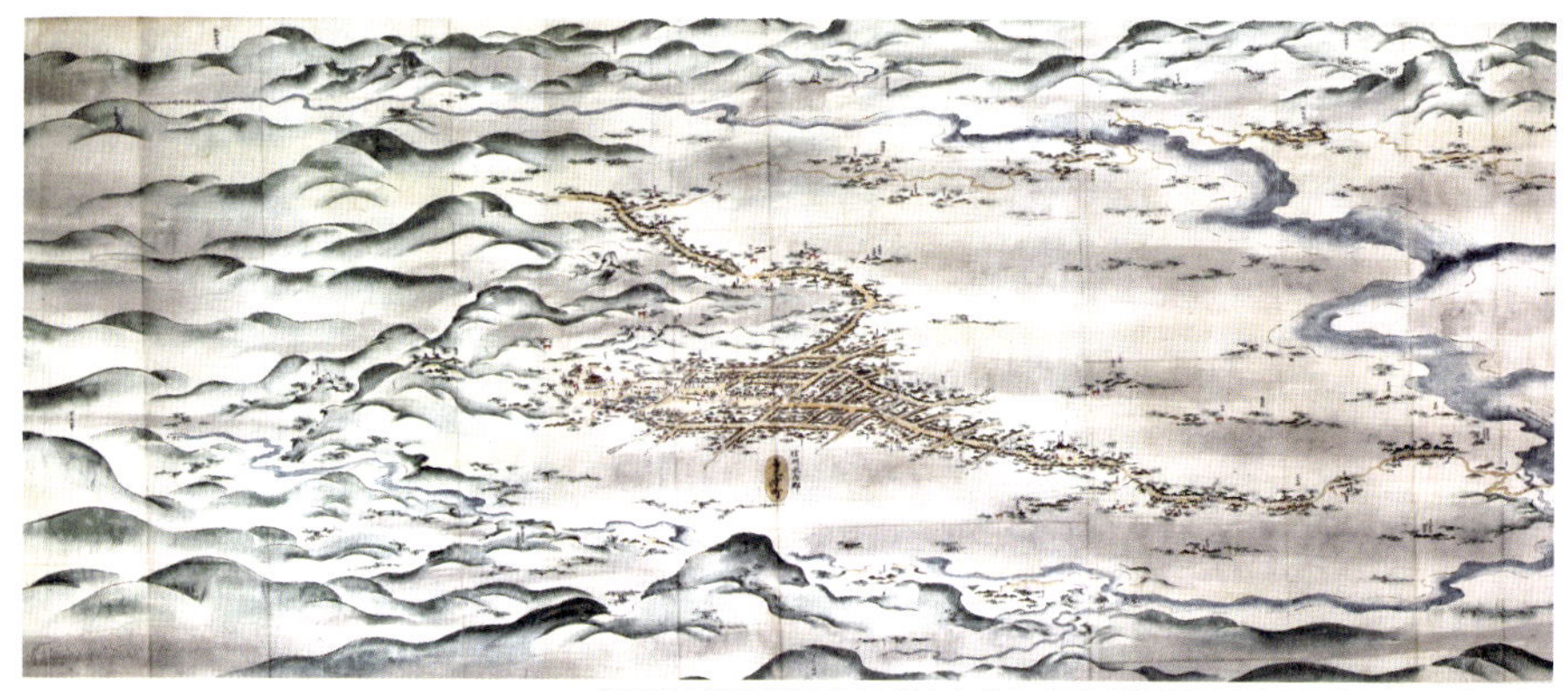

信州松本道見取絵図控六巻之内参（五街道分間延絵図並見取絵図）より善光寺

18世紀末～19世紀初頭　1800分の１の縮図で描かれ、東海道、中山道、甲州道中、日光道中、奥州道中の五街道とその脇道が含まれている。

東海道絵巻から郵便着物まで 郵便と交通に関わる多様な資料

江戸期の街道図や街のガイドブック「名所独案内」等も、当館の所蔵品の一画を占めています。

「五街道分間絵図（通称）」は、18世

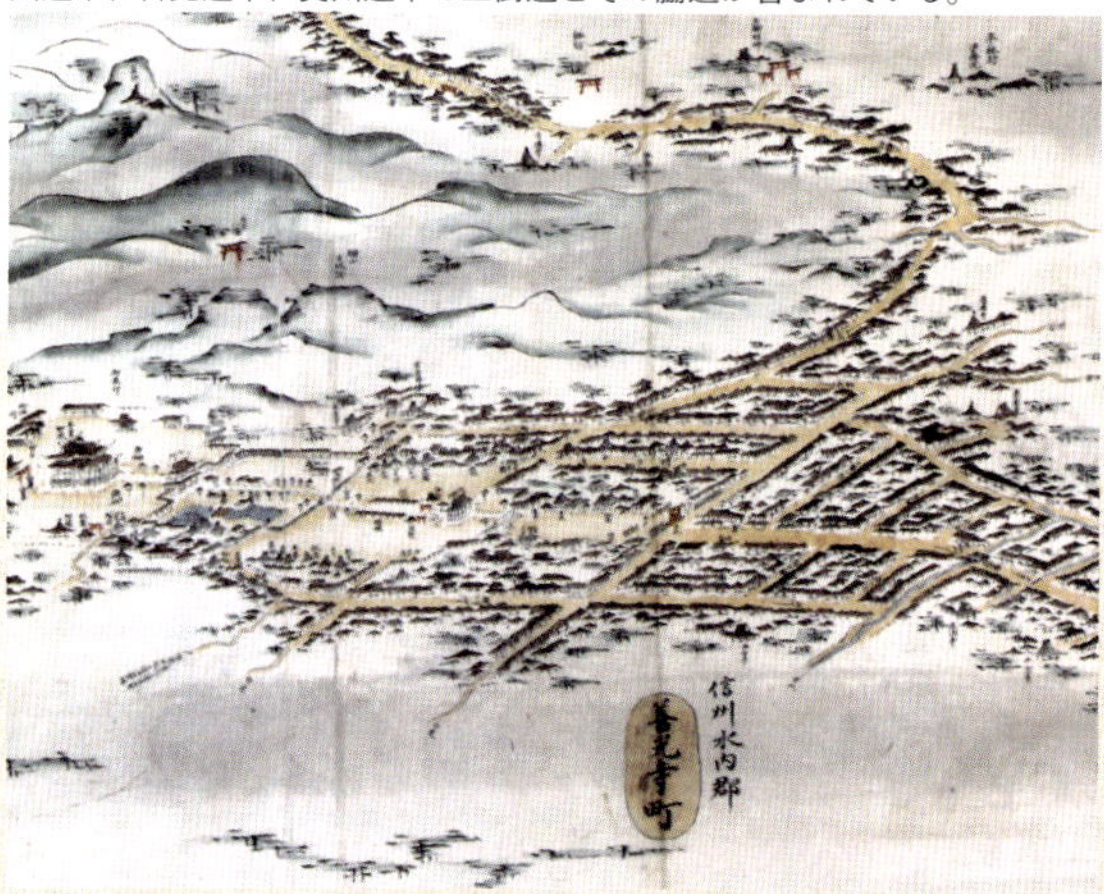

善光寺の部分

東海道絵巻（江戸城本丸、天守閣）

江戸初期～中期　江戸中期、幕臣・秋元喬知の遺品として、旧子爵・秋元家が所蔵していたが、関東大震災で焼失。平成6（1994）年、当館がかつて撮影した写真帳から76枚のデジタル処理を行い、全貌を明らかにすることができた。

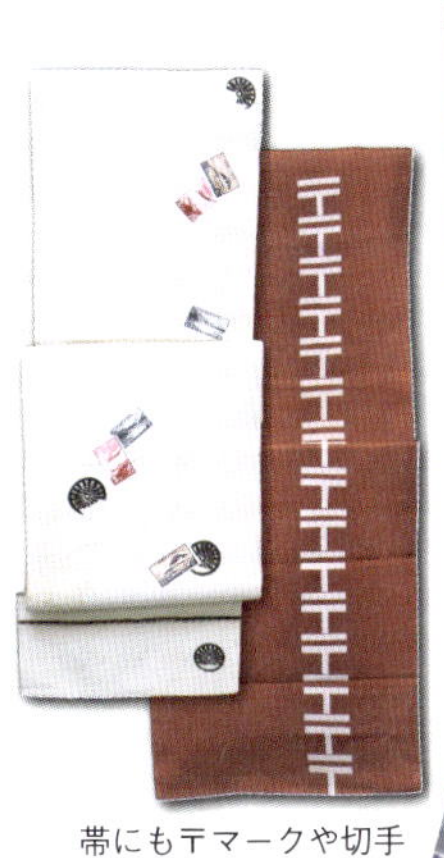

帯にも〒マークや切手があしらわれている。

郵便着物　戦前

着物に手描きであしらわれた切手と郵便飛行機。

着物を着付けた若椙はなさん

紀末から19世紀初頭にかけ、五街道を測量したもの。宿場、寺社、橋等が詳細に記入され、行政上必要な内容が分かるようになっています。一方、「東海道絵巻」は関東大震災で焼失しましたが、当館ではその資料を撮影した写真帳を収蔵しており、デジタル処理による復元作業により、全貌を明らかにするに至りました。

誌面の関係から、常設展示で紹介できなかった正午計や報時器等も、貴重な資料です。正午計は太陽の動きで正午を判断し、郵便局の時計の時間合わせに用いられました。報時器は正午の時報を知らせるもので、時報の元祖とされています。

また、興味深い収蔵品に熱海芸者の郵便着物があります。熱海一の名芸者、若椙(わかすぎ)はなさんがデザインし愛用した、丹那トンネルと郵便切手、郵便飛行機をあしらった粋な一着。帯にも〒マークや切手が散らされています。

ドイツ製
足踏式押印機
明治17（1884）年
当館所蔵押印機で最古のもの。郵便の増加による機械化の象徴。

正午計
明治23（1890）年
岡山県の発明家・林善助が開発。郵便局に掛けられた時計の正午の時間を合わせた。

報時器
明治11（1878）年
からくり儀右衛門こと、田中久重が開発した日本最古の時報器。

郵政博物館物語 12

収蔵資料の収集・保管

調湿材を用いた収蔵施設で、年間一定の温湿度を保つ。

資料に影響の少ない中性紙箱での保管を行う。

桐箪笥等の保管什器は資料に応じて選択。

資料収集

当館では、郵政事業に関する資料の収集に努めています。日本郵政グループからの事業資料のほか個人からの寄贈等があり、資料の内容は、旧郵便局の事務文書のほか建築部材、図書資料、ポスターといった周知物品など多岐に渡ります。

資料保存

このようなさまざまな場所で保管されてきた貴重な資料を長く安全な環境で保管するために、新規受入時には、殺カビ・殺虫のための燻蒸作業を実施しています、近年は、資料への負担を軽減するために最低限の燻蒸方法を採択しています。

施設・環境設計

収蔵施設では年間一定の温湿度を維持し保管管理を行っています。収蔵庫の一部は、調湿材の建材とソックダクトという特殊な空調機器で負担のない室内環境を保っています。

また、展示場ではエアタイトケースや博物館に則したLEDライトを導入、色温度等を考慮して貴重資料の公開が可能な環境維持に努めています。

これら施設の環境設計は、文化庁及び東京文化財研究所、施工会社との綿密な打合せを経て、事例等に基づいたリスク軽減を考慮し完成させました。

什器・保存用具

資料は中性紙を用いた保管を行い、中性紙袋→中性紙箱→収蔵庫で重複して包み込み、空気のバッファ層を設ける形式で管理しています。

資料を守る

当館の歴史の中で、資料保管の危機ともいえる天災や戦争に見舞われた時代もありました。

一つは、大正12（1923）年の関東大震災。焼け落ちた逓信省新庁舎には博物館が併設されていましたが、前年に移転した新博物館には被害がなく、資料の損失は免れています。

もう一つは、太平洋戦争期。昭和20（1945）年4月、戦争の激化により博物館は閉館し、貴重資料は学芸員の手で茶箱に詰められ、分館の前島記念館（新潟県上越市）に疎開しました。博物館付近は、爆撃等の被害を受けなかったことから、翌年3月には終戦後の焼け野原でいち早く切手展などを開催し、国民に希望を与えたと伝えられています。

過去の例のごとく、守り伝えた資料を通じて、時々の人々に懐かしさや力を与えられる存在であるよう、これからも郵政博物館では資料を後世に繋ぐ役割を果たしたいと思います。

郵政博物館のホームページ紹介

郵政博物館では、最新の展示情報・ご利用案内・イベントスケジュールなどの多彩な情報を、インターネットでも発信しています。また、郵政博物館が所蔵する約200万点の資料のうち、約7000点の収蔵品のデータを検索できる「収蔵品のご紹介」や、さまざまなエピソードに彩られた興味深い収蔵品を、学芸員の解説付きでご紹介する「博物館ノート」もお勧めです。

なお、文化庁が運営する「文化遺産オンライン」内のデータベースでも、当館の収蔵品を閲覧できます。

郵政博物館公式ホームページ
http://www.postalmuseum.jp

＊文化庁「文化遺産オンライン」
http://bunka.nii.ac.jp/Index.do

郵政博物館が発信するSNS

郵政博物館の最新情報が、
気軽にキャッチできる
SNSもご利用ください。
郵政博物館の学芸員なら
ではの、お勧め情報が満載!

公式 Twitter
https://twitter.com/postalmuseumjp

公式 Facebookページ
https://www.facebook.com/postalmuseum.jp

公式 Google+ページ
https://plus.google.com/+PostalmuseumJp/posts

公式 mixiページ
http://page.mixi.jp/view_page.pl?page_id=258298

郵政博物館（Postal Museum Japan）

創　　立　2014年（平成26年）3月1日

■展示施設

所 在 地　〒131-8139 東京都墨田区押上1-1-2
東京スカイツリータウン・ソラマチ9階

開館時間　午前10時から午後5時30分まで

閉 館 日　不定休（※展示替えおよび設備点検などにより臨時休館をすることもあります。）

■収蔵・研究施設

郵政博物館資料センター
（Postal Museum Japan Research and Documentation Centre）
〒272-0141 千葉県市川市香取2-1-16

ロゴマーク　郵 政 博 物 館
POSTAL MUSEUM JAPAN

郵便・通信を象徴する手紙を携えた鳩をモチーフに、心のあたたかさとポストをイメージさせる赤を基調にしたもの。書体はかつて郵政建築等で使われた郵政フォントを参考としてデザインした。

分館施設

前島記念館
〒943-0119 新潟県上越市下池部神明替1317-1

坂野記念館
〒701-1144 岡山県岡山市北区栢谷1039-1

沖縄郵政資料センター
〒900-8799 沖縄県那覇市壺川3-3-8　那覇中央郵便局2階

website　http://www.postalmuseum.jp/

郵政博物館公式ガイドブック

2015年3月25日　初版第1刷発行

監　　修　公益財団法人 通信文化協会（郵政博物館運営母体）
〒131-8139 東京都墨田区押上1-1-2
東京スカイツリータウン・ソラマチ9階

発行・制作　株式会社 日本郵趣出版
〒171-0031 東京都豊島区目白1-4-23 切手の博物館4階
電話　03-5951-3416

発 売 元　株式会社 郵趣サービス社
〒168-8081 東京都杉並区上高井戸3-1-9
電話　03-3304-0111（代表）

印　　刷　シナノ印刷 株式会社

写真提供：株式会社丹青社　写真撮影：フォワードストローク

平成27年2月10日 郵模第2506号

ISBN978-4-88963-781-6 C0065

＊本書内のデータは2015年2月末現在のものです。